U0037107

LOHAS and LOVE

製造，有機的幸福生活

十五個充滿樂活與愛的人生故事

有機，是一種連鎖反應，有機的事物，讓人學會共生共榮的道理。
有機生活，是一種師法自然的生活方式，它最大的意義就在於回歸本然。
如果你兒時曾在未灑農藥的稻田裡嬉戲，
白天看得見碩大的蜘蛛網，晚上還有螢火蟲飛舞，
那麼你便可以了解「有機生活」是一種讓人樂而為之、愛生、惜物的永續哲學。

文字 ◎駱亭伶 **攝影** ◎何忠誠

國家圖書館出版品預行編目（CIP）資料

製造,有機的幸福生活 / 駱亭伶文字；何忠誠攝影.
-- 再版. -- 臺北市：信實文化行銷, 2014.02
面；　公分. --（What's health；6）
ISBN 978-986-5767-15-0（平裝）

1. 有機農業 2. 有機食品 3. 臺灣傳記

430　　103001551

What's Health 006

製造，有機的幸福生活

作者　文字／駱亭伶；攝影／何忠誠
總編輯　許汝紘
副總編輯　楊文玄
美術編輯　楊詠棠
行銷經理　吳京霖
發行　許麗雪
出版　信實文化行銷有限公司
地址　台北市大安區忠孝東路四段 341 號 11 樓之三
電話　（02）2740-3939
傳真　（02）2777-1413
www.wretch.cc/ blog/ cultuspeak
http://www. cultuspeak.com.tw
E-Mail：cultuspeak@cultuspeak.com.tw
劃撥帳號　50040687 信實文化行銷有限公司

印刷　彩之坊科技股份有限公司
地址　新北市中和區中山路二段 323 號
電話　（02）2243-3233

總經銷　聯合發行股份有限公司
地址　新北市新店區寶橋路 235 巷 6 弄 6 號 2 樓
電話　（02）2917-8022

2014 年 2 月 再版
定價　新台幣 350 元

作者序

回家，好好吃飯

每一個十年，都是一個人生階段，下一個十年，您會選擇怎麼過呢？如果有人的心願是希望天天回家好好吃飯，是不是一個看似平凡，其實卻十分奢侈的願望？！

在人生的第三個十年，我從雜誌社的旅遊記者，成為自由文字工作者；生活上，也從訂便當的上班族，變成一個喜歡下廚做菜的人。雖然職場生涯的轉換，壓根與吃飯型態這件事沒有相關，我卻發現，當我對日常飲食的關心從吃什麼樣口味的便當，轉變為我今天想買些什麼菜來料理時，我和我自己，家人，乃至外在世界的互動關係，也有了不同。俗話不也是這樣說的——「我，就是我吃的食物。」

回想起來，和這本書的緣分，早已萌芽。否則，我應該不會與這本書以及 16 位受訪者相遇。

一開始，這本書企劃的緣起著重於有機與自然食材的介紹，希望讓讀者可以輕鬆找到一個家庭完整所需的健康日常食材；光是看台北市街頭林立的有機與生機飲食商店，就能了解，住在城市的人們這方面的渴求有多迫切。

當然，完成之後，這本書的實用功能依然具備；然而，除此之外，更大的企圖心是邀請讀者進入書中 15 個有機達人的心靈世界，從了解他們為何堅持要用與主流市場不一樣的方法，從事或推廣有機與自然農業為起點，深入探索有機的內在精神與價值。看完之後，能夠進而檢視有機與自己生活的關係是什麼；以不同的角度，重新看待與思考自己和這個世界的連結。

對我來說，在 15 位有機達人對話交流的過程中，我看見有機與自然農業，原來是一個如此厚工、費神與耐心的手工藝術；是一種尊重生命、對土地友善的雙贏策略；是一種提昇和強化生物多樣性，生物循環再生和土壤生物活動的生態管理系統；同時也是克制人類日益肥大的欲望之心，重新檢視生活的減法哲學。而最終我們將面對一個真相，這種既古老又創新的農法，極為可能是一把解決環境危害問題的金鑰匙。

從中我也體認到，這一切若是少了人的參與，都是空談。具體來說，這一波綠色覺醒，可以視為曾經自大於自然的人類，重返自然界，找到自己的天職與價值，並且具體實踐的過程。而書中的 15 位受訪者或單位，正是各自懷抱著莫名的勇氣，和來自於內心的召喚，投入於這場「搶救地球大作戰」的大運動之中的先行者。

如果看完他們的故事，您深受感動，覺得所有的問題與自己息息相關，卻又不知從何參與，建議您，不妨就從做一個「好好吃飯」的人開始吧。

一直很喜歡小時候讀過的「一朵小花」的故事，一個邋遢的男人，有人送他一朵小花，因為被美麗小花吸引而想將花安置妥當，於是先是找出壓箱底的花瓶，繼而整理了凌亂的桌子，之後，又發現居家環境也該打掃一番，最後攬鏡一照，決定把自己的頭臉也收拾整齊，整個人煥然一新。

其實吃到一口香甜米飯的驚喜，也可以像收到小花一樣，擴大成為一個深具意義的漣漪效益；從了解有機米的培育過程中，發現一塊有機農田還有保留美麗地景、防止地球暖化、提供文化傳承及田野教育場所、安定河川流況、涵養地下水、保護生物多樣性、淨化空氣、調蓄暴雨洪水、調節氣候、減低下游排水尖峰流量等功能。從此對你來說，吃飯，不再只是一樁滿足口腹之慾的事。食物，絕對比我們想像中更有深度。而消費，也可以帶來改變世界的力量。

每天將健康的食物吃到身體裡，竟可以成為一件同時愛自己、關心地球，找回與自然連結的事情，我深深相信，從中獲得的能量，絕對是製造有機的幸福生活最踏實的起點。

感謝所有的受訪者，謝謝你們為我上了人生的 15 堂課，將充滿勇氣、智慧與愛的有機體驗分享給更多人。感謝提出企劃構想的小蓮，編輯雅媚、元媛，美編玉芳、序曲文化，以及用影像展現生命感動的攝影師 Sam，一起創造了這本書的誕生。還想感謝我的母親，與我的另一半 Felix，他們是這個世界上兩個願意為我煮飯，讓我覺得幸福的人。

下一個十年，不管我會是在哪裡，做著什麼樣的事，我都希望我仍然是一個「回家，好好吃飯」的人。

駱亭伶

稻米

蔬菜

水果

畜牧水產

製造，有機的幸福生活

稻鴨米

禾鴨共生的神奇魔法

有機達人——陳文達

宜蘭縣三星鄉大洲村，是一片河水沖積而成的平坦洲地。大洲國小後門一片青翠的水稻田旁，一幢尋常無奇的白色樓厝，近兩年總是有些外地人出出入入。有時是一台台48人座的遊覽車，載了遠從花東、台南各地的來的農友，對著田間指指點點；也有紮著馬尾的農經所女研究生，為了撰寫畢業論文，一次次穿過雪山隧道前往造訪；更有年輕導演，乾脆在當地租屋，大半年的光陰都蹲踞在田間，將鏡頭對準了農田，記錄主人的一舉一動。

農田主人——陳文連，是台灣第一位以稻鴨共生法，成功培育出有機米的農民。他所種出來的米，不僅被大直明水路上豪宅社區聯合指定購買，連礁溪老爺大酒店也愛用。截至目前為止，陳文連的稻鴨共生經驗，在宜蘭以外的地區，幾乎很難複製，也難怪大家都好奇，他是如何重現老祖宗的智慧，以稻鴨兵團打造全新的有機生態農業。

『遊牧趕鴨 鍛鍊一身絕藝』

「鵜～啵、啵、啵……鵜～啵、啵、啵……」，陳文連一面走、一面輕聲呼喚，帶有韻律感的輕柔音波，彷彿有著神奇魔法，白羽黃蹼的鴨群慢慢地集合成倒V字型；一隻體態飽滿活潑的鴨子在隊伍前領軍，威風凜凜的向田間走去。漸漸落在後面的陳文連，臉上始終帶著一抹咪咪的笑，和鴨子給人溫和、憨樸卻生氣勃然的神態，竟有幾分神似。

今年 68 歲的陳文連，很奇妙的，不僅未顯老態，反而臉色潤朗、神采奕奕。從 10 幾歲開始就和鴨子生活在一起，卻沒想到在半世紀之後，會將養鴨與種稻兩件事巧妙結合。他出身養鴨世家，從爺爺開始，就在蘭陽溪裡養鴨，全盛時期，數量多達二、三十萬隻。陳文連說，在 50、60 年代，

稻鴨共生生態農法，是利用鴨子愛玩與雜食的天性，去除害蟲與雜草，捨棄農藥與除草劑，十分具有環保精神。

養鴨人家盛行所謂的「討冬」，當雛鴨長出羽毛能夠禦寒後，就一路趕鴨子北上。

「從頭城、大溪趕到新莊，鴨仔就喫沿途農地收割後掉落的稻穀，邊行邊大漢。等到了台北，鴨子的羽翼已豐，肉質也因為運動量大而特別有彈性，立刻可賣給鴨販，賺得好價錢。」

陳文連望著田埂回憶起這段遊牧趕鴨的歲月，想像他年輕時率領著數萬隻鴨子兵團揮軍北上的英姿。那時，不僅得餐風宿露，面對氣候等外在環境變化的考驗，還得隨時注意鴨子的健康情形。因為有過這樣艱苦的實戰經驗，徹底摸熟了鴨子的生長週期與習性，難怪日後他調度起稻鴨小兵，別有一份老神在在的篤定。

『取法東瀛 復興古籍智慧』

由於環保意識抬頭，台灣的河川禁止飼養鴨禽，陳家養鴨規模逐漸縮減到數千隻，而原本家中兼種的 5、6 甲稻田反倒成為重心。由於宜蘭地區長期以來二期稻作的收成都不好，因此一般農民往往在一期稻作之後，將稻田另做他途，如種植蔥蒜等。但陳文連則持續在秋冬時節，利用休耕稻田來放養鴨子，讓鴨子啄食田間掉落的稻穀，而排泄的糞便剛好可作為有機肥，補充來年的地力，可以說原本就具有稻鴨共生的基礎雛型。

禾鴨共生的生態農法其實並非新鮮的玩意兒，早在中國古籍上就有記載，所謂「相繼以生成，相資以利用」，就是利用鴨子啄食害蟲與雜草，排泄物成為天然肥料，因而無需使用農藥、除草劑和化肥，是十分符合環保精神的傳統農法。不過，在慣性農法盛行的近代，不論在台灣或是中國都幾乎很少看到。

稻鴨共生農法再現江湖、為人知曉，是起始於東瀛；1991 年由農民實驗成功，1999 年進而推廣到日本全國。農委會知道了日本這套做法，欲引進台灣推廣。由於宜蘭一直是台灣的養鴨重鎮，當時的主委李金龍正好是宜蘭人，自然而然想起家鄉應有具備合適條件的人才。透過農糧局與養鴨中心的尋訪，陳文連，成為台灣第一位鴨稻共生農法的試驗者。

『育鴨放養 摸熟稻鴨習性』

在花蓮農改場的協助之下，陳文連在 87、88 年之間開始試種，從選擇稻米、稻鴨品種，到放養、收鴨、管理、

「鵝啵、啵、啵……」聽到陳文連的呼喚，看似憨傻的鴨子卻立刻排成整齊的隊伍，乖巧得惹人憐愛。

瞇瞇的眼、咪咪的笑是稻鴨達人陳文連的招牌表情，68 歲的他臉色潤朗，有一種大巧近乎拙的氣質。

收成，每一個環節都是學問。而書上的學理知識，由於每個地方的氣候、土壤、環境條件都不盡相同，因此必須經過實務觀察、驗證與改良，才能夠化為有用的東西。

陳文連說，選擇稻鴨就像選擇工作夥伴一樣，一開始就要注意。因為鴨子和人一樣，不同品種也有不同的習性。「常吃的北京鴨，好吃少動，愈長愈胖，沒啥路用。本地土鴨偏偏又太好動，容易任性踩壞了秧苗。最適合的是以紅面公番鴨與土鴨母交配出的品種，這種鴨子的運動量適中，作稻鴨剛剛好。」

談起稻鴨共生過程，陳文連繼續打開話匣子：「稻鴨放養的時機與秧苗成長要相互配合，鴨子成長 1 到 2 週間是最好動的時候，放養則要選在插秧後 20 天左右，因為這時候秧苗已成長了一段時間，纖維粗硬不好吃，旁邊的雜草卻才剛發出來，鴨子自然會選擇幼嫩的來吃。」原來，不只是老牛，小鴨子也愛吃嫩草呢！

『活潑嬉遊 踩斷老根產量增』

但看著田裡的稻鴨一派天真調皮的模樣，我還是不免懷疑：「鴨子這麼活潑愛玩，難道真的不會把秧苗踩壞嗎？」陳文連笑說：「稻鴨共生的稻田，本身秧苗的數量較少，插秧的間距較大，不像一般稻田秧株之間那麼緊密，能讓稻鴨自在行走。而且如此一來，每棵秧苗能夠從土壤分得更多的養分，抵抗力較強，結得穗也更多。而間距大，通風好，會降低稻熱病發生的機率。」這好比孩子生得少，自然比起養一大家子人，能夠得到更好的照顧。

而且，和一般人想像的不同，鴨子適度地搞破壞，反而有助稻子的生長。「因鴨子行走時，身體會擦碰到秧株，停留在秧葉上的紅蜘蛛就會掉落在水裡，鴨子每天來來回回，害蟲想安居樂業也沒法度。」聽起來鴨子好像一名巡捕，不時出巡，使宵小心存顧忌；宵小雖存在，但總無法放肆作怪。

陳文連又指著秧苗說：「根部遭到踐踏，正好把不吸營養只吸水的老根汰換掉，長出的新根，就像剛出生的孩子一樣，拼命地吸收奶水，反而使水稻更為強健茁壯，產量最多增

下水後尋覓食物的稻鴨，眼神變得十分靈動專注，有如盡責的巡捕，不放過任何雜草與蟲子。

連農藥也無法除盡的金寶螺，稻鴨出馬立即搞定。發現金寶螺卵，稻鴨展現敏捷身手，有如灌籃高手。

加了 2～3 成。」人，遭逢適度的壓力，往往可以爆發更大的潛在能量，想不到水稻的生長也是一樣。看起來快樂不解世情的稻鴨，其實已搖身一變為水稻的良師益友。

除了吃雜草和蟲子，農民最頭痛的金寶螺卵，也透過鴨子的覓食，而得以一併解決。陳文連說，稻鴨共生其實就是利用鴨子愛玩以及雜食的天性，讓他歡歡喜喜的邊吃邊玩水，自然能夠得到想要的結果。所以，他在每畦田中打造一幢幢小屋，提供 20~30 隻的稻鴨小兵棲息避雨。「下雨天時，鴨子不喜歡走動，因為鴨毛雖然表層防水，但是走動之間會把毛往前翻，使身體潮濕進水，這樣就容易受寒。」陳文達的照顧可說是非常細心。

聽完這番話，才發現陳文連一開始跟我說的，「種稻鴨米需要兩個頭腦」，絕對不是唬人的。

『生產成功 卻遭逢行銷困境』

就是這加乘的經驗與智慧，歷經一年多的試種、改進，稻鴨米終於成功問世。陳文連也不吝惜分享自己的經驗，帶動鄰近農友參與，民國 90 年「三星稻鴨有機米產銷班」正式成立，由陳文連擔任班長，建立了生產線；在 91 年通過土壤、稻鴨排泄物等檢測，獲得 TOPA 台灣省有機農業生產協會認證，成為台灣有機米的生力軍。

然而，陳文連雖然養鴨、種稻一把罩，但是和大多數的傳統農民一樣，面臨最大的挑戰卻是在銷售面。91 年度的稻鴨米只銷出一半，不得已便宜批給中盤商，讓許多農民喪失信心，產生質疑，甚至打算放棄。或許是天意吧！陳文連在台北從事雨傘生意的二兒子——陳晉恭，不忍心看到父親的智慧心血就此糟蹋，決定扛下行銷的重擔，守護初生的稻鴨米。

陳晉恭說，對傳統農民來說，銷售是最弱的一環。農民只知道傻傻的從日出做到天黑，沒有成本概念，辛苦了一整年，扣掉賒帳的農藥與肥料錢，只從米商那裡領到幾萬塊。雖然只堪溫飽，明年卻還是照做不誤。所以他認為，現代農民要出頭天，也要像稻鴨米一樣，適時斬斷老根，打破舊有的模式。

陳文連和陳晉恭聯手打響稻鴨米名號，父子倆也因為共同守護稻鴨米，感情更為親密。

（上圖）稻鴨的飼料營養相當豐富，有米角、魚粉、豆粉、大麥、小麥、魚渣等。
（下圖）適當的添加營養，讓稻鴨更健壯。

『穩定軍心 增添百萬碾米設備』

稻鴨米的生態栽培法，破除對農藥與化肥的依賴，是第一步。接下來最重要就是建立自己的產銷通路，唯有一手包辦所有流程，才能控制品質與掌握通路。陳晉恭雖有其他產業的行銷經驗，但賣米還是頭一遭。於是他從頭學起，從了解米糧產銷生態，成本分析，到走訪花東，向池上、銀川米同業請教如何包裝產品、建立行銷通路等。

後來，陳晉恭做了一個十分重要的決定，大手筆投資 6、700 萬元添購最先進的碾米機，並且蓋倉庫，增加低溫冷藏、真空包裝設備，以實際行動表明擴大規模的決心，鞏固農友信心。

經過一年的調整，稻鴨米藉由參展廣受矚目，打開了知名度，許多有機商店紛紛下單，台北的高級社區也集體採購，都說明這條路走對了。稻鴨米的出貨率在 93 年已達 98%；94 年更多農友主動要求加入，擴充耕作

稻田旁的自家菜園，因不噴灑農藥，處處可見蟲咬的痕跡。

面積，使產量增加一倍；95 年耕作面積再擴充，產品已出現供不應求的情況；而今年整體耕作面積擴充到 20 公頃，上半年銷售情況良好，尤其是聞起來有撲鼻芋頭香的益全香米，在 5 月份就已經缺貨，必須等到今年 7、8 月新米上市，才能再度品嚐到香 Q 的稻鴨米飯。

『回歸自然 分享專業智慧』

「小時候，最怕放假了，不到 4 點多就會被阿公叫起來撿鴨蛋。」陳晉恭心有餘悸的回憶著。因為剛出生鴨蛋若不趕快撿起來，就會被鴨子給踩破，所以即使是上學，也好過睡眼惺忪撿鴨蛋的滋味。就像大多數的農家子弟，陳晉恭 20 歲即北上到台北工作，不曾想過會與農業扯上關係。但是既復古又創新的稻鴨米，卻讓他從自己的行銷專長出發，重新和自己的土地有了連結。

稻鴨有機長秈糙米（左）、有機長秈白米，連五星級礁溪老爺大酒店都指定使用。

談到從事有機農業的改變，陳晉恭說，就是回宜蘭老家的時間變多了吧！同時很高興看到，透過稻鴨共生這種有獨特味道與智慧的栽培法，使農民更有成就感，也讓社會重拾對農民的尊重。

而對陳文連來說，從事有機農業的最大意義是回歸自然！他說，現在的稻田和兒時未灑農藥時一樣，白天看得見碩大的蜘蛛網，晚上還有螢火蟲飛舞！至於在生活的實際改變方面，應該要算是認識了更多年輕人吧！種植稻鴨米之後，雖然坐在家裡不出門，卻不斷地有全國各地的人來拜訪，生活變得和過去很不一樣。不難想像，他不藏私、大方分享專業的態度，正是廣結善緣的原因。

『一生懸命 用生命回應的天職』

不過，問的人雖多，但是沒有真正的實務學習，還是很難把這套本事學會。「如果有年輕人想跟你學種稻養鴨，大概要花多久的時間？」陳文連沉思了一會兒，「跟在我身邊一期水稻的時間應該就可以學會吧！不過，好像沒什麼年輕人真的願意學哦！」

陳文連望著遠方的天空說，他之所以對於鴨子習性這麼了解，完全得感謝幼年家中雇用的一位林師傅，在他心目中，林師傅是真正的養鴨達人。「清晨時，他躺在床上，耳聽母鴨的低號，就可以知道今天有多少顆蛋可以收；一群鴨子走過去，用眼睛一瞄就知道這些鴨子出生了幾天；更神奇的是看母鴨走路的樣子，就知道那隻即將下蛋；平常幫鴨子看病，就是捏脖子，好像中醫為人把脈一樣。」聽到陳文連的描述，可以想見林師傅的養鴨絕技，簡直比金庸小說藏在洞穴裡的武林奇俠還要出神入化呢！

「我從 12 歲起就跟在他身邊，他對我的教導從不假辭色，一犯錯就狠狠的打頭，不管你的身分是誰。林師傅直到 82 歲還在幫人看鴨，一生專注於養鴨的熱情精神，讓我深深的佩服。」陳文連的臉上又泛起了一貫咪咪的笑。原來，「一生懸命」的在地達人，不是只出現在日本的電視冠軍節目裡，我眼前的陳文連和他口中的林師傅，不正都是如此！

「鵝～啵、啵、啵……鵝～啵、啵、啵……」，餵食鴨子的時間到了，稻田一旁，又響起了陳文連的聲音。有人說，每個人都有自己的使命與天職，必須要以自己最喜愛的事物與專長，回應內心召喚。相信耳邊陳文連這充滿魔法的輕喚，必定來自於他靈魂的最深處。

稻鴨米

達人檔案

姓名 / 陳文連

年齡 / 68 歲

經歷 / 養鴨、種稻 60 餘年，現為三星稻鴨有機米產銷班班長

商品 DATA

商品名稱 / 稻鴨米

售價 / 益全香米、長秈白米、益全糙米皆是 380 元（3 公斤）、220 元（1.5 公斤）

網路訂購 /

主婦聯盟 / www.hucc-coop.com.tw

三星農會網站 / www.sunshin.org.tw

Facebook / 稻鴨米
https://zh-tw.facebook.com/367805719927493

銷售點 / 有機園地、綠色小鎮、主婦聯盟、三星農會，大葉高島屋、忠孝 Sogo 超市。

地址 / 宜蘭縣三星鄉大洲村 160 號

電話 /（03）956-7833、（02）2927-2826

烹煮方式 / 白米和水比例是 1：1，糙米和水是 1：1.2

TOPA 台灣省有機農業生產協會

國內有機農業的四大民間驗證團體之一

成立時間 / 民國 86 年 12 月 26 日

成立宗旨 / 建立有機農業產品認證及品管制度，維護消費與生產雙方利益，促進有機農業永續發展。

聯絡電話 /（048）529-470

黑金蔬菜

阿兜仔的有機菜園

有機達人——劉力學

最近一年，有個阿兜仔忽然在台灣爆紅，打開電視，經常可以看到他長手長腳、活力十足的身影。

他既不是阿湯哥，也不是蜘蛛人，而是一位在台灣住了快 40 年的加拿大老外。他種的蘿蔓好像蔬菜界的「名模」，翠綠透亮一如《瑪莎的廚房》節目裡打蘋果光的生菜沙拉，和一般印象中滿是蟲蛀咬痕的有機蔬菜很不相同。

他有一班忠誠的師奶粉絲，裡頭不乏醫生太太、幼稚園園長等，每週三都期待他親自送菜來，比拿到先生送的玫瑰花還開心呢！台灣樂活企業的代表之一——肯夢（Avenda）總經理朱平，讚美他是個「漣漪人」（意思是有影響力者），特別訂購他的菜來送給VIP會員；甚至連病癒後的聖嚴法師，也吃他種的菜來調養身體。造成這般奇特吃菜旋風的，就是以廚餘堆肥來種植有機蔬菜的劉力學。

『從不知什麼叫三分鐘熱度』

打開皮耶（Pierre，劉力學的英文名字）寫的書，竟有點被他的經歷給嚇到，上面寫著：「他是讓阿姆斯壯踏上月球的關鍵人物；是中文電腦的催生者；是『加拿大駐台北貿易辦事處』在台成立的牽線人；DIY 自立造屋、打造理想家園、熱愛環保、捍衛白沙灣、槓上走私集團；從國內科技業高級主管退休、種有機蔬菜……」這個阿兜仔是不是太「神」了一點？其中隨便一項，大部分人可能一輩子也做不到……

早上 10 點多，已在菜園裡忙好一陣子的皮耶，坐在石屋別墅前的陽台等著來訪的客人。原來，每天清晨 6 點鐘，當多數人還在被窩裡打鼾做夢，劉力學已經一口氣跑完法鼓山、富基漁港、士林夜市等地；開回淡金公路上的

劉力學說能夠抵抗病蟲害的蔬菜，才能提供充分的營養。

小發財車上，載滿了一桶桶的ㄆㄨㄣ。有人早起是為了運動晨跑、有人是趕著上班或上學，但是像他一樣，以「收ㄆㄨㄣ」揭開一天的序幕，應該不多吧！

「我種有機蔬菜，一開始不是為了有機，而是處理ㄆㄨ ㄣ的問題。」皮耶說著一口標準國語，語調溫溫軟軟的，但尾音收得極快，常讓人以為還有下文，其實卻說完了，似乎透露出他思路敏捷，做事直接了當的個性。

皮耶說，為了解決自己和社區的垃圾問題，他蓋了一座焚化爐，卻發現垃圾裡湯湯水水的廚餘，在焚化爐裡無法完全燃燒，結成一塊塊大餅，嚴重影響焚化爐的壽命。皮耶開始鼓吹鄰居一起將廚餘從垃圾中分離出來，但這些廚餘該怎麼辦呢？從蒐集的資料中他得到一個 idea——廚餘可以拿來做堆肥。

在朋友的介紹之下，他找上了曾提倡廚餘堆肥的台大農化系教授吳三和，表明合作實驗意願。

剛開始吳教授還半信半疑：這個阿兜仔真的願意和人見人嫌的ㄆㄨㄣ

為伍嗎？應該只有三分鐘熱度吧！但他不了解皮耶。皮耶這輩子還不知道什麼叫三分鐘熱度，他篤信的只有一件事：「去做，就對了嘛！」

他馬上想到太太任教的國小，應該有供應營養午餐而產生的廚餘；於是立即行動，在回收兩個星期，累積了 1.5 噸的廚餘後，載著這些ㄆㄨㄣ，直衝台大校園找教授。竟從此展開劉力學的收ㄆㄨㄣ生涯，也開始了將廚餘變黑金（有機肥），黑金變有機的種菜人生。雖然車子上載的不是炸藥，但是皮耶這樣的舉動，還真像是恐怖份子呢！

『去做，就對了嘛！』

皮耶開車帶著訪客到菜園，親眼看看這些黑金是怎麼做出來的。踏進「臨海農場」，先看到一個貨櫃，上面的廚餘蓋了層塑膠布，雖然還是有股淡淡的酸味，但是已經比預期中好很多，也不見蒼蠅狂舞的景象。皮耶說，加上了木屑、椰子殼，將氮碳比例調整為細菌喜歡的 1：30 環境，等 3 個月發酵後，就變成了有機肥。

貨櫃旁邊，還有好幾個橘色大桶子，廚餘堆肥所產生的菜水，就用管子連接到桶子裡；接下來一邊打進

將菜水加入好氧和糖蜜，可發酵為珍貴的液肥。

發酵中的液肥，味道有點像酒釀。

細菌發酵需要的好氧，一邊加入蜜糖，就可以提煉出更營養與方便的液態肥。皮耶特別打開蓋子讓我聞一下，竟有點像酒釀的味道。「農場的空間大、海邊又通風，再加上我裝了煙囪（通往天空的塑膠管子），讓沼氣排散，就解決了臭味的問題。」皮耶閉眼深深吸了一口氣，感覺好像在聞一道香噴噴的好菜。

後來他再打開另一個桶子，裡頭都是黑得發亮的蜜糖，他甚至還挖了一點，像小孩子偷吃蜂蜜般舔了舔手指頭。看得出來，他真的很享受這化腐朽為神奇的過程，絲毫不是為了某種目的而不得不做的樣子。而且過程中所產生的問題，都可以用方法去解決，就像他常掛在嘴邊的一句話：「去做，就對了嘛！」

走到農場的另一頭，皮耶展示堆肥的成果，一輛鐵製的機器裡頭有些褐色的小土塊。「這輛篩選機是工程師——我兒子，一個身高 190 的大帥

除去貝殼和椰子殼後就是乾淨可用的有機肥。

哥做的，可以把一些不能發酵分解的雜質，如貝殼，給篩選掉，剩下就是乾乾淨淨，呈現團塊狀的有機肥。」他有點掩不住驕傲地說，他平均每天製造4噸的有機肥，已經連續作了一年。算一算，有機肥的年產量是 1440 公噸，非常驚人。

『新有機蔬菜 好看好吃』

「台灣的廚餘裡什麼都有，做肥料真的沒關係嗎？有沒有重金屬污染或硝酸鹽含量偏高的問題呢？」這是許多人對於廚餘有機肥的疑慮。

「堆肥其實愈雜愈好，尤其是甲殼類，可以增加土壤中的鈣和鈉，是植物生長很需要的。至於重金屬或硝酸鹽的問題，直接檢驗菜就知道了，很多教授和專家從我這裡拿菜回去檢驗，結果都沒有下文。我想如果有問題，應該大家早就知道了吧！」皮耶對於他的菜十分有信心。

菜園中，個頭高大的白蔥、葉子有著波浪曲線的蘿蔓，以及外面少見的甜菜、嬰蘿蔔等，都漂亮得不得了，令人忍不住發出讚嘆。他指著攀爬在架子上，枝幹粗壯的番茄說：「有農改場的番茄專家來我這裡嚇了一跳，說他從沒看過蕃茄可以長到3節以上，但是我的番茄最多可以長到24節！」

皮耶接著解釋，他一分地就使用了 70 噸的有機肥，有機質高達8%。給了蔬菜這麼多的營養，增強抵抗力，自然可以抵禦蟲害、病害。他說，如果一棵菜被蟲咬得很慘，表示它很虛弱，如果連自己都沒辦法保護，又怎麼能夠提供營養幫助你的健康呢？

他忽然吐出繞口令般的一句話：「舊有機蔬菜，難看難吃；新有機蔬菜，好看好吃」。意思是說，吃菜不是只吃到蔬菜的外表，還要吃到真正營養，才是有機的精神。他說，人需要礦物質，但礦物質若要被被人體吸收，就需轉化成有機礦物質，轉化的過程要靠細菌分解，而肥料其實就是細菌。

因此肥料的成分愈雜愈好，一萬種細菌就可能分解出一萬種有機礦物質。

雖然現在科學家只發現命名了維生素 ABCDE 幾種，但未命名的礦物質並不代表不存在，蔬菜的營養其實超乎我們的想像。只是現在的蔬菜，大部分連保護自己都沒辦法了，又如何提供營養？吃了等於白吃，更何況還有農藥殘留的問題。根據吳教授的統計，拿美國單位面積農藥用得最多的州和台灣用農藥最少的地方來比較，台灣竟然高出一千倍之多。

『聖嚴法師也愛吃』

皮耶講得頭頭是道，不過他這套有機蔬菜營養論能說服了許多人，主要還是在於效果有目共睹。「有天一位董事長，是朋友介紹來農場的。因為癌症的關係，他的脖子兩邊腫得很大，後來帶了一些菜回去吃；下個星期再來找我時，脖子只剩一邊還腫腫的。」皮耶邊說邊用手在脖子比劃了一下。

劉力學兒子打造的篩選機，能夠將雜質從堆肥中篩濾出來，老爸相當滿意。這些溫室是 YWCA 協助建立的，現在用來種植菜葉較大和青椒等需全年供應的菜種。

工程師出身的劉力學在溫室加裝太陽能版，可供應抽風機的電力。

另一個有名的例子，就是聖嚴法師。由於皮耶對環保有所貢獻，接受法鼓山的表揚，因而有機會碰到聖嚴，皮耶趁機進言：「大法師，我看你的臉色，好像營養不良。你的身體變差了，可能以為是年紀大的關係，但是我知道不是。你長期吃素，以前的蔬菜很有營養，但是現在的蔬菜已經變了，有一天你需要的時候來找我，我給你吃我的菜。」這個阿兜仔膽子真夠大，這次敢用蔬菜在高僧面前丟炸彈——他果然喜歡做和別人不一樣的事。

「前年，聖嚴法師訪日身體不適後，臨海農場出現了兩個比丘尼；一個禮拜後，事情大條了，一票和尚都來了，每週拿一箱菜給大法師吃。後來，往年在新春法會上只出現一下下的聖嚴法師，今年又滿場飛了，我從電視上看到他的氣色比以前好了很多！」看來，當法師遇到阿兜仔，是一段因果善緣！

『堅持售價 自銷直送』

接近正午，太陽異常猛烈，皮耶回到屋前的陽台，享用自家午餐。蕃茄蝦仁炒飯，配上清燙的小白菜，非常清爽美味。皮耶打開他最愛的台灣啤酒，大口暢飲起來。皮耶家的三隻狗在一旁追逐，玩得很開心。

「你覺得做有機蔬菜最困難的部分是什麼？」我問。

「對有機菜農來說，遇到最大的困難是行銷方面。」皮耶說，他的菜一包 60 塊，比一般有機蔬菜貴上 3 成，定這樣的價錢是為了讓自己有承擔風險的能力。種菜做農一定有風險，例如遇到連續下雨，不能施肥，病蟲害會趁機作祟；或颱風淹水把菜吹壞泡爛等。有些農友因售價低，利潤有限，當遇到天災人禍，一下子一、兩個月收成沒有了，平時因沒有承擔風險的準備，這時只好偷偷用點農藥、化肥，沒辦法繼續「有機」下去。所以為了永續經營，價格和品質一樣都需要堅持。

另一個就是積極拓展自己的行銷通路。皮耶說，許多有機農民沒有真正賺到錢，是因為錢都被中間商賺走了，沒有利潤的事情，當然無以為繼。皮耶採用的方式是直銷運送，因為已經打出自己的品牌，許多

紅色葉脈的甜菜長得欣欣向榮。

小黃瓜的栽種方式。

單位或社區是採用聯合購買的方式，例如 YWCA、法輪功會員等，一次訂購 40～100 包，由皮耶每週親自送貨。

由於直接配送，這些菜很快地就進入消費者的冰箱裡，可以保存兩週沒有問題。很多太太都很滿意這樣的方式，直說皮耶很像她們的老公，每週向他領菜，而且菜色不一定，皮耶種什麼她們吃什麼，感覺好像收到禮物一樣驚喜。

「如果有人要跟你學種菜，你會收徒弟嗎？」這套作法，應該有許多人想學。

「可以啊！我計劃開個有機蔬菜課程，大概為期三個月，跟在我身邊學。但最近愈來愈忙，可能要等明年了。」皮耶說，他發現現在台灣有三種人很想學種有機蔬菜，一種是退休人士，一種是退役軍人，另一種比較特殊的是 30 多歲以上的單身 OL，幾個同事一起存錢買地，計畫開民宿或種有機菜。在日本已經風行的「半農半 X 的生活」，在台灣也開始萌芽。其實他曾

劉力學種植的有機蔬菜既好看又好吃。圖為做生菜沙拉用的蘿蔓。

提供液態肥給一些種植有機蔬菜和水果的農友，但奇怪的是，幾乎都是沒消沒息，連一顆水果也沒吃到。最新的合作則與竹東的農友合作種米，成果如何？今年夏天就能知道了！

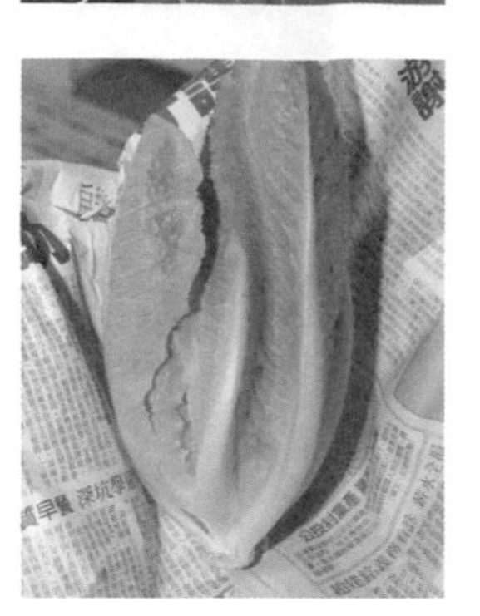

皮耶說：「其實我不只想做培育蔬菜的有機園丁，更想成為培育環保幼苗的園丁。」截至目前為止，臨海農場的參觀者已經超過了一萬人次，每逢星期假日，總有許多大小朋友前來，認識廚餘堆肥，享受生吃有機蔬菜的樂趣，在沙灘和樹林觀察

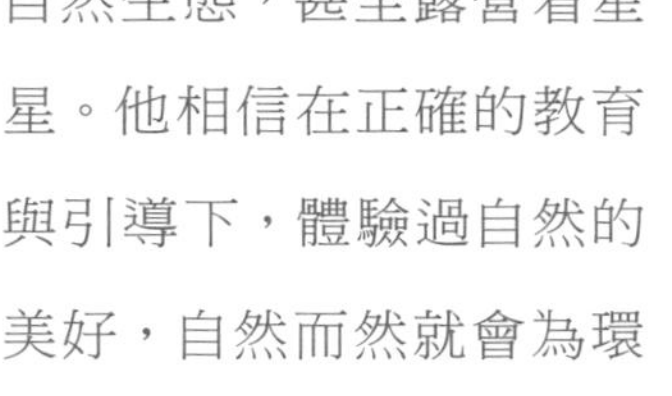

自然生態，甚至露營看星星。他相信在正確的教育與引導下，體驗過自然的美好，自然而然就會為環

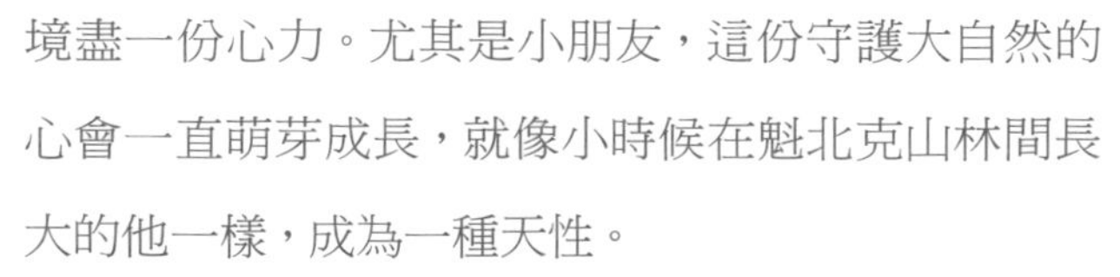

境盡一份心力。尤其是小朋友，這份守護大自然的心會一直萌芽成長，就像小時候在魁北克山林間長大的他一樣，成為一種天性。

終於了解為什麼會有這麼多人喜歡他，臺灣人雖然愛喊「衝衝衝」，但是敢衝的多半還是社會價值判斷下，與自己「直接利益」攸關的事情。至於其他的事雖然想衝，卻往往退縮。像皮耶這樣，認真對待自己認為值得的事情，並樂於做一個先鋒者，確實是會引發許多人內心潛藏的價值與熱情！

『以大自然為師』

我模仿電視冠軍最後對優勝者的提問：「種植有機蔬菜對你的意義是什麼？」他的表情忽然變得溫柔卻嚴肅起來：「大自然很強，所以人要很謙卑，要看大自然表演。」

遙望別墅對面的海平面，他提起剛種菜時的一段經歷。5 年前他在社區大學開課，有個徒弟跟著他一起種菜，第一次種玉米，長得非常好；沒想到隔天玉米居然都變黑了，只不過一個晚上的時間，竟吸引了百萬芽蟲大軍。他的徒弟對他說：「我準備了一罐辣椒水，今天晚上我們來把芽蟲趕走。」他回答說：「我如果用辣椒水噴你會怎麼樣？」徒弟回答：「全身會癢啊！」皮耶說：「那你噴玉米它也會癢啊！」結果，當天晚上，他們什麼也沒做，隔天一看，不知哪來的瓢蟲大軍把芽蟲都吃得精光。皮耶深信，那天通風報信的絕對是玉米，是它通知瓢蟲今晚這裡有大餐的。

「玉米在地球上的時間有千萬年了，如果他沒有能力生存，早就滅絕了，所以人類要做的就是讓它發現自己的能力；要照顧它，但不要害它；要聽它，看它表演，讓它教你，它就會謝謝你。」皮耶淡淡的說出從事有機農

劉力學種的蕃茄，最多曾經長到24節！讓專家跌破眼鏡。

（上圖）每週三清早劉力學送菜到客戶家。
（下圖）每週領到漂亮好吃的菜，許多家庭主婦成為劉力學的死忠客戶。

業極為重要的精神。

終於明白，為何曾有許多特殊的經歷的皮耶，一個可以被稱為「很神」的人，面對他時卻讓人十分輕鬆，不會有絲毫的壓力。想必是因他真的把大自然當成老師，向自然學習、與自然對話，他所做的就是與大自然的共同創作，而人原本也是自然的一部份，只是大部分的人將自己和自然區隔，所以和他相處起來，就像面對自然般怡然自在。

『樂活是做簡單但有用的事』

「對讀者來說，有什麼樣的有機生活建議呢？」皮耶應該有些與眾不同的看法吧！

皮耶喝了一口啤酒說：「樂活是要做簡單但有用的事，不是做讓自己心裡舒服、但沒用的事。拿廚餘堆肥來說，

溫室旁的紫花翠蘆利。臨海農場優美的環境曾吸引一隻梅花鹿 5 年來每天到農場報到，可惜後來在公路上被車撞死了。

臨海農場裡還可發現小螃蟹。

如果只是一個人做，根本沒有用，必須整個社區或村子的人一起做，才能產生利用價值。如果自己做，是會讓人產生自己對環保盡心的感覺，但那只是自己心裡舒服而已。」

「那什麼才是簡單但有用的事呢？」

皮耶說：「吃和住是最重要的，如果你的居家環境悶熱，必須整天開著冷氣，但吹冷氣對身體不好，就應該改變，找到適合人住的環境。這件事非常簡單，但對多數人來說不容易做到，卻是真正有用的事情。」

「對於吃的東西也一樣，現在很多人在吵，有機不是真正的有機，認證協會不公平、有問題什麼的，那為什麼不自己花時間去了解，去看自己吃的菜是怎麼種出來的？環境好不好？星期天可以開車全家人到農園去，去認識有機產銷班的班長，人看起來會不會油條？他的作法是怎麼樣？然後再把家裡一個星期要吃的菜帶回來，這不是很簡單卻有用的事嗎？不用吵也不用鬧啊。」皮耶苦笑了一下。「去做，就對了嘛！」這六字箴言，的確是實踐有機生活最最實用的建議！

黑金蔬菜

達人檔案

姓名 / 劉力學

年齡 / 60 多歲

經歷 / 惠普電腦台灣區首位負責人、神通電腦副總裁

商品 DATA

商品名稱 / 有機蔬菜

售價 / 80 元（1 份）、劉力學竹東米 320 元（1 包）

購買方式 / 採大宗訂貨直送方式；一次購買 10、12、20 包宅配到府；或直接到農場購買

體驗行程 / 15 人以上團體可預約至農場參觀、體驗與用餐

網站 / 臨海農場 劉力學蔬菜
http://www.pierreorganic.com

Facebook / 臨海農場 劉力學蔬菜
https://zh-tw.facebook.com/PierreOrganic

地址 / 台北縣石門鄉德茂村二鄰臨海別墅 16 號

電話 /（02）2636-5700

E-mail / loise@ms5.hinet.net

烹煮方式 / 蔬菜的營養在 120℃高溫以上會被破壞，所以最好的方式就是川燙，最高溫也不會超過 100℃

YWCA 台北基督教女青年會

這些溫室是 YWCA 協助建立的，現在用來種植菜葉較大和青椒等需全年供應的菜種。YWCA 曾舉辦過社會福利類的志工訓練。劉力學和這些 YWCA 的志工媽媽們合作搭建溫室，利用廚餘堆肥種植有機蔬菜，塑造了社區的新風貌。

小瓢蟲有機菜
自然農法還大地一畦淨土
有機達人——巫建旺

關心有機農業的人都知道，民國 85 年，漢聲雜誌一口氣製作了三本《有機報告》專刊，介紹台灣剛起步的有機蔬菜和自然農法現況，及日本 MOA 自然農法，對於台灣有機農業發展有十分正面的影響。其中「遊訪蔬菜農場，認識自然農耕」的單元中，採訪報導的正是巫建旺所經營的「小瓢蟲有機栽培農場」。當時投入有機栽作邁向第四年的小瓢蟲，在雜誌出刊後，好像星光幫的楊宗緯，在台灣有機農業界一砲而紅。

經過了十餘年的時光，全台第一個通過 MOA 認證的有機先鋒，未曾改變初衷，小瓢蟲成為擁有全省 200 多個會員信賴支持的有機農場，每週一次宅配直送，提供 200 多個家庭健康蔬食與營養來源。回首十多年的歲月，現今亦跨足酒庄經營的巫建旺，心有所感的說：「種一畦蔬菜，還大地一畦淨土。」

一早來到位於台中東勢的小瓢蟲農場，主人巫建旺正忙著處理灌溉引水的問題。我站在農場裡高齡三百多歲的大芒果樹下，享受著樹蔭下的清涼。樹下的位置正好將整個農場景致盡收眼簾——隱身於山凹間一片略微起伏的丘陵地上，一畦畦的菜園沐潤在清晨的薄霧之中，氣水宣暢，朦朧中透著或濃或淡的翠亮，幾幢農舍矗立其中，別有一番意境。我忽然能夠明白為何古時的文人墨客總是嚮往著田園鄉居，有著不如歸去之慨嘆。

『有機先鋒 順從天意不敢居功』

儘管酒庄事務繁忙，農場也僱有人幫忙，巫建旺每週二、四，還是固定親自到農場參與農事。和當年漢聲雜誌上年輕挺拔的模樣比起來，巫建旺已

小瓢蟲農場的芒果樹，已經有300多歲。

增添了歲月痕跡，但更多了一份從容與篤定。由於我的到訪，使他回想起當年雜誌出刊後的情況，笑著說：「一下子電話接不完，媒體來採訪，消費者要買菜，還有各地親友同學也來關心，一時之間，只好閉門謝客。」

那時，他覺得小瓢蟲還在起步實驗階段，應該把自己準備得更好，否則大批媒體與客人來了，與期待有所落差反而不好。聽到這番考量，可以感受農場主人思考縝密與行事踏實的作風。

「堅持做有機，也是有點騎虎難下，頭都洗下去了，能不做嗎？」巫建旺說，當年正逢提倡身心靈整體健康的雷久南博士回國演講，引起極大迴響，大家開始在找哪裡可以買到不放農藥的蔬菜；所以當漢聲雜誌的報導一出來，似乎一切水到渠成，使得小瓢蟲在行銷方面，一起頭就頗為順利。

對於現在的成績，巫建旺直言不敢居功，「人，真的沒有那麼厲害啦，很多時候發展都是順應天意。」這位有機先鋒不但不希望別人把他看成明星，也不喜歡過度美化有機農業，只是坦誠分享自己一路走來的心志與經驗。原來，從事有機耕種以來，「人，在土地與自然前自覺渺小」的觀念，早已生根於他的心中。他說，以前的農家是不作興拜大神的，唯一做的是敬天、敬地、拜土地公，感謝風調雨順，不會有過多的祈求。

『回歸農村 全心投入有機農業』

一開始投入有機農業，他認為也是順應天意的結果。巫建旺說：「我是先定義自己想要的生活方式，才選擇有機農業的。」40 歲前的他，先是擔任老師，然後進入營造業，每天喝酒應酬，度過 5 年所謂「刀光劍影」的江湖生活。後來，他思索著：人難道一定必須在都市裡生活嗎？確定自己內心嚮往的是農村的生活型態之後，由於東勢老家正好有一片橘子園，從小亦幫忙務農，從事農業就成為實踐這份夢想的支撐點。

但是投入後立即發現，若繼續使用老方法顯然是行不通的。當時的東勢，曾經有著「椪柑王國」的美譽，但是長期使用農藥、化肥的結果，彷彿是一種共業，這裡的橘子幾乎都感染了最致命的絕症「黃龍病」，就像人得了癌症一樣，連專家都束手無策。巫建旺老家的那片祖傳三代橘子園，也不能倖免，只好砍去病株。但是沒生病的橘子樹要繼續噴農藥嗎？這時巫建旺做了一個重要的選擇——他決定放棄原來使用農藥的方式。

「習慣的東西不一定是好的」。民國 82 年，當時擔任東勢柑橘產銷第四班班長的巫建旺，在一次農會舉辦的自強活動講習會上，聽到了黃國榮班長提到，可利用廢糖蜜經微生菌發酵分解後，用以噴灑作物，除了可供應養分外，還可減少農藥使用次數。這段發表讓巫建旺眼睛一亮。

回到東勢，巫建旺找上了黃班長。黃班長告訴他，台中農業改良場有位

每週二、四，巫建旺仍親自到農場巡視，數十年如一日。

技正，叫謝慶芳，正在推廣有機栽培。後來，巫建旺改用無農藥栽培法來種橘子，但黃龍病的問題還是無法有效解決。然而有機栽培的想法已經深植於心中，因此他毅然決定開刀拿掉病灶，將所有橘子樹砍掉，改種有機蔬菜。

『貴人相助 試驗摸索下苦功』

「我覺得只要有心做，真的會有很多貴人來幫你。」巫建旺說，當時台中農改場謝慶芳技正帶給他完整的有機栽培概念，另一位王錦堂技正則教他「共榮作物栽培法」，苗栗改良場的章加寶主任指導他「天敵防治法」，白布帆慈培農場的鄭春能老先生教他如何製作大量木屑堆肥，MOA 國際美育自然生態基金會派至台灣的專家則教他移行栽培和純有機栽培的執行基準，還有三合一農業資材行黃德雄與劉龍麟兩位老闆的友情贊助，共同摸索實驗……。當年小瓢蟲草創階段的景象，就好像武俠小說裡，眾多武林巨擘齊心

小瓢蟲是台灣第一個通過MOA認證的有機農場。

（上圖）必須放棄以人為重的觀念，才能夠欣賞毛毛蟲的美麗。
（下圖）有機農法維持了生物多樣性，圖為螽斯。為劉力學的死忠客戶。

將畢生武功傳授給一個初出茅廬，但資質與熱誠兼備的小子。無私地分享與傳遞，不正是有機農業的核心價值嗎？

儘管巫健旺認為自己十分幸運，但要將理論、方法化為適用於自己的實務經驗，還是要靠自己下工夫。巫建旺說，頭幾年的摸索期，沒得看、沒得學，一切只能跟著感覺走，慢慢地從中學習體會。例如一開始他將種子直接播種在地上，因為不噴農藥，種子竟半夜裡都被螞蟻抬走了，所以才知道要改為一棵一棵種的穴盤育苗法。雜草方面，也有雜草管理的學問，不能完全不除草，但也要保持雜草的多樣性，才能創造生物的多樣性，有些蟲子有草吃了就不吃菜，有些昆蟲的天敵也可以尋得蜜源而成長。巫建旺說：「其實有機栽種就是因為不能方便行事，所以比較費工！但是當農場的環境生態建立起來之後，東西種下去，就是各自珍重了。唯一要做的事，就是放下。」

『放下操控 化對立為共生』

「所謂生態，就是大家都要能生存。」走過15年的有機栽培歲月，巫建旺認為從事有機農業最重要的並非技術，而是觀念。成敗的關鍵在於心態，如果心態不調整過來，會覺得全世界都在跟我作對，雜草、氣候、昆蟲通通都跟我過不去，陷入一種二元對立的痛苦而走不出一條生路。

為了預防菜苗被螞蟻抬走，所以將菜苗一棵棵種在穴盤中。

「其實慣行農法（註）說穿了就是一種以人為重的農法！」因為有了這樣先入為主的思維，所以蟲有分害蟲與益蟲。以吃白色花椰菜的蚊白蝶為例，對於不種菜的人來說，是翩翩飛舞的美麗蝴蝶；對種菜的人來說，卻是欲除之而後快。但是仔細想想，昆蟲和人一樣也有生存的權利，「到底是蟲在搶我們的菜吃，還是我

小瓢蟲農場不只是生產有機蔬菜，更是觀察生態的好地方。

註：「慣行農法」指使用農藥與化學肥料的農業栽種法。

們在搶蟲的菜？蟲吃菜可都是很有選擇性的。」巫建旺拋出了一個足堪玩味的問題。

所以，他認為做有機一定要先放下操控一切的心態，配合生態、季節，先保留蟲與雜草的權利，尊重牠在此出生成長的事實，雖然不能完全不防治，但是絕對不能趕盡殺絕，轉對立為共生，這樣才能夠走下去。而且很奇妙的，境隨心轉，當觀念改變時，往往發現有意想不到的收穫。

「對從事有機的後輩有何建議嗎？」我問。巫建旺說：「改變自己比改變技巧來得更重要，即使穩定，也要隨時保持危機感，同時也別不切實際的過度期待；而且最好先做過別的行業才來從事農業，這樣視野才會放大！」

除了從事有機者要有正確的心態，吃有機的消費者也是。「有些人將有機蔬菜，定位為沒有含農藥、化肥的蔬菜，這是把有機蔬菜看得太簡單。如果不想吃農藥，那就不要吃蔬菜、只吃肉就不會吃到農藥了啊！」巫建旺又丟了一個逆向思考的問題。他說，以這樣的思維去吃或種植有機蔬菜，都只得到「形」而不是「質」。

他指著陽光照射下的菜園說，「你看，我們曬到太陽，會跑到樹蔭下躲，但是植物跑不了，所以它們可以吸收陽光自然產生抗氧化物質，我們吃下去才能在體內產生抗體。」所以在一開始從事有機栽種時，他就堅持捨溫室不用，因為那還是擺脫不了人為的操控心態，也得到不真正實質的意義。

說到這裡，我聞到田間傳來一陣濃烈的韭菜香，原來是農場裡的阿姨們剛收割完韭菜。阿姨告訴我，她已經在這邊做了 14 年了，每天上午7點做到 11 點半，中午回家煮飯，然後 1 點半再做到 6 點半才收工，14 年如一日。阿姨說：「在這邊做事，空氣好，身體好，可以帶健康的菜回去煮，又可以照顧家庭，真的很不錯。」我想起曾聽住在東勢的朋友說，以前東勢街上有兩多，農藥行多與醫院多。農忙季節，每天總有三、五個農友因為農藥中毒而被送往醫院急診，對比阿姨在田間快樂工作的模樣，確實有天壤之別！

黃色的果蠅誘捕板對果蠅防治有不錯的效果。

推著剛採收的大黃瓜，阿姨忙得很開心。

『自產自銷 千里馬需有伯樂賞識』

自產自銷是巫建旺另一個堅持。由於從商的背景，讓他了解行銷和生產一樣重要，所以一起步，他走的就是會員制。儘管剛開始客人也會抱怨，為何買菜還附贈蟲蟲，但是隨著農場的生態環境日益健康，小瓢蟲的菜也愈長愈好，和會員的關係就像是生命共同體。他希望消費者要親自到農場來看過，再來訂菜，因為真正關心自己吃的東西，而非道聽塗說的人，才能建立起長久信任關係。許多會員都和他變成了好朋友，有的更對於有機飲食有切身體驗。

採訪前，我聯絡了住在高雄岡山的邱小姐，她吃小瓢蟲農場的菜已經有10幾年了。邱小姐說，當初會開始吃有機蔬菜，是因為自己的皮膚狀況出了問題。那時的她是一家日商公司的發言人，工作表現一流，卻有嚴重的面皰與皮膚問題，心裡隱約知道這是因為在赴日求學期間，為了省錢，長期以泡

剛開始小瓢蟲的菜都是坑坑洞洞，還有很多蟲蟲，但品質逐年提高。

因為不噴灑農藥，小黃狗可以在菜園裡自在嬉戲。

麵果腹的結果。友人建議她調整飲食，經由雜誌報導知道了小瓢蟲農場，這一吃就是十多載，不但症狀早已改善，全家人身體也都愈來愈健康。現在的她除了在長青學苑教日文之外，更不斷向身邊的親友學生推廣健康飲食的好處，因為她深刻體驗到，人體和土壤一樣，都是一個大環境，酸化了就開始生病，飲食絕對很重要。

「身體提早出毛病，讓我比別人更早重視飲食健康，或許也是一種幸運。」邱小姐說，剛開始收到小瓢蟲農場的菜都是坑坑洞洞，還有很多蟲蟲，可是這幾年下來菜的品質愈來愈好，因為土壤愈來愈肥沃、健康。她深信對於有心要永續經營的農場來說，護土都來不及了，根本不可能去走回頭路，因為只要一放農藥、化肥或是除草劑，就要 3~5 年，甚至 10 年才能恢復。

邱小姐說，其實會員和有機農場主人就好像伯樂與千里馬，和一般的消費買賣關係很不一樣。會員了解主人種菜的辛勞，主人把會員當成知音，彼此有一份惺惺相惜的情義。只可惜現在有這樣觀念的人還不是很多，她在社區推動共購，許多主婦來到家裡拿菜，第一句話問的還是：

「一斤多少錢？」她希望有一天大家能改口問：「這是誰種的？」那將是從重視「價格」到重視「價值」的大轉變。

『經營酒庄 跨足第五元次產業』

接近中午，巫建旺邀我到石圍牆農村酒庄小坐。這座酒庄是他和幾位果農友人於 92 年合資創立的，剛好是他回歸田園生活的第十年。巫健旺說：「日本人將農業分成好幾個等級，果農將水果交給中盤商去賣，叫作一次元（級）產業、自己零售是二次元，開放消費者採果是三次元，如果能夠具有教育功能是四次元，將農產品變成能帶回家的伴手禮，那就是第五次元。」經營酒庄可以讓果農從一次元產業，跨足到產值較高的五次元產業，雖然對他來說，是全新領域與挑戰，顯然又是一條註定要走的路。

長期從事農業，巫建旺極度關心台灣農業及農村的未來，「現在媒體對於農業與農村總是負面報導的較多！」他有很深的感概。他說，台灣農業的意義不在於創造多少產值，而在於對環境、生態、水資源的影響。農業不能只是看產值，若只看產值，只要從國外進口幾個貨櫃，供應全台灣的蔬菜水果用量，就能解決了。但問題是，農產品可以進口，農業的過程與環境生態卻不能進口。就以農場的芒果樹為例，若是少了它，農場的溫度、溼度、景觀以及人的情緒和感受都會不一樣，所以想像台灣的農田與農村都不見了，全部蓋滿了大樓、工廠，或者是土壤全部酸化中毒，那會是什麼樣的景象！「影響的層面絕對不只是單一產業或是農民而已！」巫建旺語重心長地說。

作家舒國治曾在書中寫道，他喜遊京都的原因之一正是為了看村家稻田。因為「稻田能與都市設施共存，證明了這個都市的清潔與良質，也證明

石圍牆農村酒庄是巫建旺另一個事業重心。

小瓢蟲農場的芒果樹下
成為人們遮蔭休息。

這個都市的不勢利」。原來，一個都市或國家對待農業的態度，正好可以檢驗著其是否擁有不急功近利，永續經營的器度，而這也是千年古都之所以歷久彌新的原因吧！對照著巫建旺前述的提醒，「有機不只是有機，而是一條可以維持青山綠水的活路」，更值得令人深思。

『分享傳承 體驗有機農業的價值』

對於未來的計畫，巫建旺堅定地說：「持續將有機農業的價值分享給他人。」他希望結合鄰近經營民宿的農友，讓在都市裡的孩子能夠住在農舍，體驗農家生活；到農場裡，認識土壤與生態。他說，都市的孩子讀李白的靜夜思肯定索然無味，因為他們根本沒看過霜。農業其實就是文化，古詩裡的田園景致與自然風情，只有農村才看得到。

巫建旺接著說，曾有學生團體到農場，進行認識植物、昆蟲與土壤的課程。小朋友帶著自己的寶貝箱抓蟲後，親自放生；在菜園裡拔昭和草、煮蛋花湯，最後用小鏟子在土裡挖蚯蚓。其中有一個小學生說：「原來土這麼好玩，我媽都不讓我玩土，說土好髒！」巫建旺看著窗外，「人若不了解土地，是無法飛得遠的，只有從自然中學習謙卑，才能成就大事」。能夠提供機會讓下一代自己去體會，將是他覺得最有意義的事！

小瓢蟲有機菜

達人檔案

姓名 / 巫建旺

年齡 / 50 多歲

經歷 / 老師、建築業

商品 DATA

商品名稱 / 蔬菜（小黃瓜、茄子、白菜、A菜、芥藍等 20～30 種）

購買方式 / 採會員制，宅配到府，每週三、五出貨

網站 / 小瓢蟲有機農場
http://ladybug.smartweb.tw

地址 / 台中縣東勢鎮東蘭路 198 號

電話 /（04）2587-8146、0934076000

食用方式 / 生食或烹煮皆可

MOA財團法人國際美育自然基金會

國內有機農業的四大民間驗證團體之一

成立時間 / 民國 79 年 4 月 27 日

成立宗旨 / 採用日本 MOA 自然農法為規範，依據大自然之法則，以尊重土壤為基本，維護生態體系，以達到人類及所有生命體的調和繁榮之基本理念。

聯絡電話 /（02）2781-4164

乾坤玉荷包

剔透飽滿的夢幻逸品

有機達人——王乾坤

「一騎紅塵妃子笑，無人知是荔枝來」——提到荔枝總不免讓人聯想到凝脂豐滿的楊貴妃。荔枝那嫣紅的果殼，撥開後乍見雪白豐腴的果肉，彷彿是精心保養整年才擁有的嬌貴；入口後滑嫩無瑕、芳甘盈頰，馥郁清甜中帶點微酸的絕妙口感，讓人連小巧的果核也捨不得吐掉，在舌尖上打轉著，一圈、兩圈……，不斷回味這「夢幻逸品」的滋味。

可不是每顆荔枝都如此美味喔！這難得的滋味只有在屏東萬巒鄉才吃得到。近兩年來，萬巒「乾坤玉荷包」有機荔枝名氣愈來愈響亮。每年春天，當荔枝還在抽穗開花時，就被饕家、網友與公司行號給預訂一空；不僅因為玉荷包是每年5月底搶鮮上市的品種，更在於以高難度有機栽培的美味荔枝，一顆顆都是果園主人王乾坤的掌上珍珠。

第一次打電話給王乾坤，手機無人接聽，答鈴放送著搖滾熱烈的流行歌曲，想來這位仁兄應該屬於五六年級的青年農民吧！但看看資料，卻是個 50 來歲的中年人，心中有點詫異。

車子開在沿山公路上，穿過了熱鬧市鎮、綠樹果園和氣味獨特的養豬場，繞過許多無人彎路，終於來到「乾坤果園」。當天屏東下起了傾盆大雨，我和攝影師一下車立刻衝進了屋裡。

剛採收的乾坤玉荷包荔枝。

泛著紅寶石光澤的百香果，像極了紅通通的蘋果。

進入屋內，一股濃郁的香氣迎面撲鼻，看似簡樸的農舍頓時滿室生輝；儲藏室一箱箱紅豔豔的果實，讓我眼睛一亮，指著問：「這是蘋果嗎？」「百香果啊！」王乾坤笑吟吟地說，我嚇了一跳，因為印象中的百香果都是深紫或暗紅，從沒看過泛著石榴紅的鮮麗光澤。「百香果的產期是 5 月中旬到 12 月底，這些都是客人預定準備出貨的。」原來，王乾坤除了呵護荔枝「貴妃」，還細心培育著百香果。看來這座果園藏有六宮粉黛，爭艷鬥奇，必定很有看頭！

『種花買地 餵養心中田園夢』

在滿室的果香中，王乾坤遞給我名片，上面除了印著「有機認證」、「乾坤註冊商標」之外，引起我注意的是「專業農民」這四個字。我看過有人在名片上印著「博士」、「醫師」，但是打上「專業農民」似乎還是第一次看過。這個與眾不同的農民，顯然很有自己的想法。

「務農一直是我的心願。」載著金邊眼睛的王乾坤不疾不徐地說。他是台科大化工系第一屆畢業生，還沒畢業就有好幾份工作等著他。預官退役後，進入化工公司，一路順遂地做到高階經理人，年薪超過 150 萬。儘管工作領域屬於現代工業，不過 30 多年來，不曾改變的是天性裡對自然、農業與園藝的熱愛。

他曾在公司內部成立蘭藝社，呼朋引伴、種花蒔草；為了擁有養蘭植樹的空間，還特別從高雄繁華市區，搬到仁武鄉 100 坪大的房子；但這份深植於內心的渴望卻被餵養得愈來愈巨大。10 年前，因為太太娘家在屏東，得知有塊 2.15 甲的農地要法拍，至此牽繫多年的田園夢，終於找到安放的處所。

王乾坤說，當時荒廢多年的果園，有椰子、檳榔及玉荷包荔枝。無人照顧的荔枝樹足足有兩層樓高，而且有半數已因蟲害及爬藤而枯死。「但是一看到這塊地我就愛上了，面對著大武山，在清晨或雨天，山頭泛起一層雲霧，景色非常優美。」王乾坤悠然地說。買地之後，農地暫交親戚管理；他則利用假日，清枯枝、除草除蟲，進行果園規劃。他不僅砍掉椰子與檳榔樹、全面矮化玉荷包荔枝，同時還請人鋪橋、造路、設圍籬；挖深

乾坤果園位於大武山下，意境悠遠。

水井，設置自動灌溉系統……，經常忙到樂而忘返。

『退休轉型 迎向綠色人生舞台』

儘管王乾坤已一步步朝目標前進，不過連他自己也沒想到，這份從都市回歸田園的夢想會實現得這麼早！6 年前，南帝化工正準備西進大陸，身為主管的他被列為第一波打前鋒的台幹，王乾坤卻意願不高，而未來分隔兩岸的生活型態，也讓家人無法放心。「當時在餐桌上舉行家庭會議，太太和兩個就讀國中的孩子都投了反對票。」幾經思索，服務年資已達退休標準的他，毅然遞出了優退申請書。那一年，他才48歲。

「退休時，公司其實不想放我走，很多同事更是大吃一驚，因為到大陸設廠的布局是由我規劃的。大家都開玩笑說，等我過去打好基礎，他們再跟進，但是想不到我卻選擇了完全不同的路。」王乾坤說來平淡，但是放棄百萬年薪及行情看漲的仕途，從透天豪宅搬入簡樸農舍，追求與時人背道而馳的價值，一般人不容易做到。或許鐘鼎山林，人各有志，王乾坤

果實嫣紅，果肉肥厚的有機玉荷包，是饕家搶購的絕品。

順從的是內心直覺的喜悅吧！於是，這項決定，有如季節更迭與萬物消長般，使他從工業轉向農業，人生的舞台也自此告別了黑白灰，迎向綠意盎然的春天。

『全職務農 努力充實專業知識』

成為全職農民後，他積極學習專業知識，每週抽出一天，到台灣農業試驗所鳳山熱帶園藝試驗分所當義工，跟有「台灣荔枝之父」之稱的鄧永興博士學習。「很多種荔枝的農民碰到問題，都會到試驗所去請教鄧博士，我在一旁偷學，好像學徒跟師傅一樣，吸收了許多寶貴的經驗與知識。」

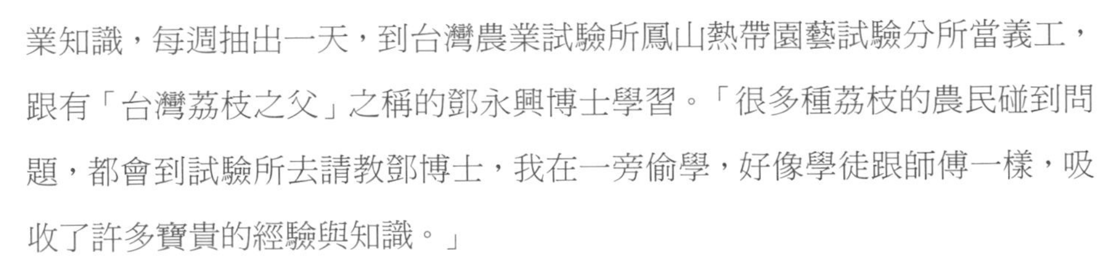

讓人羨慕的是，擔任公職的王太太也與他志同道合，一起做義工。每當兩公婆對於栽種防治方法有所爭論時，還得請博士來仲裁呢！有了良師指點和老婆大人的認真切磋，王乾坤一年多來習得紮實的基本功，一家子也和鄧博士變成了好朋友。

當初王乾坤聽從專家建議，砍去了前任主人種植的椰子樹與檳榔樹，留下玉荷包荔枝。不多久本土椰子即因大量進口而價格慘跌，證明他的選擇相當正確。玉荷包其實是 80 多年前從大陸引進的品種，大陸原稱「妃子笑」，但因為照顧不易，所以種植的人較少，台灣 90%的荔枝均為 6 月底上市的「黑葉」品種。這些年由於密植矮化栽培法的推廣，提高了玉荷包產量；且因為玉荷包屬於荔枝中的早生品種，在每年 5 月下旬到 6 月中旬即可搶先上市，賣價看俏，所以這幾年成為荔枝中的亮眼明星。

剛開始，王乾坤並非採取有機栽培，而是使用低藥性的農藥，還曾經很誇張地戴著防毒面具噴農藥。不過半生從事化工業的他，深知化學毒物的危險，於是從 91 年 10 月開始，屏除使用農藥、化肥與除草劑，92 年 3 月進入有機轉型認證期，在 95 年 9 月正式獲得「慈心有機認證」。王乾坤說，「我就是喜歡做農所以才來當農夫，轉作有機之後，不必因為噴灑農藥而三天不能下田，心裡感覺十分歡喜踏實。」

每年自製有機肥花費達上百萬元。

『有機栽培 三樣法寶防治蟲害』

有機荔枝甜美又健康，但是有機水果的栽種難度是公認最高的，身矜肉貴的荔枝照顧尤其不易，他究竟是如何克服的呢？王乾坤說，荔枝的病蟲害很多，果實病害方面，主要是「露疫病」，常因下雨後大氣溼度高而引起，所以只要連續下雨一週就可能發生。若是初期沒發現，蔓延到整個果園，就可能會毀掉一年的心血，風險確實相當高。因此當初栽植樹種時，即維持一定的距離，保持良好的通風，以減少發病率。

至於最麻煩的蟲害問題，他除了噴灑蘇力菌和自製的大蒜、辣椒液之外，因應的方式有三種：第一是果實套袋，他首創將網袋套在荔枝果串上，防止果蠅、荔枝細蛾危害果實。第二是樹幹防護，以網、布包覆樹幹，讓星天牛無法在該處下蛋危害樹幹。第三就是親手除蟲，包括會進入樹皮、樹幹的咖啡木蠹蛾與星天牛之幼蟲，以及有機藥液難以克服的角臘介殼蟲、膠蟲，都要親手捉拿。「有的幼蟲如棉絮般附著在枝葉間，連空氣槍都吹不走，必需用牙刷慢慢刷掉！實在很辛苦。」王太太在一旁補充說。去年辦理退休的她，已經加入辛勤的除蟲部隊，成了王乾坤最得力的助手。

自製的大蒜有機避忌液。

王乾坤說，儘管荔枝的品質受到大家喜愛，但是他的經驗還不能算是成功，還在實驗階段，因為以產量與營收利潤來說，目前並未達到損益平衡。一方面有機栽培的人工和費用成本極高，以其自己製作的有機肥為例，材料包括：豆粕、米糠、骨粉、牛奶、糖蜜、礦石等，1 公斤成本要 100 多塊（市售有機

蒐集廚餘自製的有機肥。

以網袋取代紙袋，讓玉荷包果實防蟲外，還可充分接收陽光。

肥一公斤只要4～10 元），1 年使用量高達 10 多噸，十分驚人。在產量方面，從準有機栽培開始，荔枝產量即銳減至 3 成，那時候尚有盈餘；但實施純有機栽培的第一年，產量只有 14%，去年更只剩下 10%，「原本 1 甲地可收 2 萬斤，只收成了 2 千斤。」儘管還沒賺到錢，對他來說，由於沒有經濟壓力，因此在心態上，他將經營果園當成「花一些錢來享受大自然」。同時也期望每一年把犯錯的機會降低，慢慢修正，逐漸達到理想。

（上圖）園中準備製作有機肥的米糠。
（下圖）保持良好的通風與採光，可以減少罹患露疫病的機率。

專業農民王乾坤以紗網套果防止害蟲的侵襲。

每年自製有機肥花費達上百萬元。

『精進求知 將學校納為智庫資源』

「雨停了，到我的果園去走走吧！」王乾坤說。跟隨他的腳步，一座被風雨洗刷得清新可人的熱帶花果植物園，出現在我的眼前。一排排經過矮化的玉荷包荔枝樹，採光與通風俱佳；一串串飽滿的玉荷包由網袋保護著，果實伸手可得；前方沿著棚架攀爬生長的是百香果，茂密的枝葉柔美的垂掛而下，架下草地上數顆果實掉落一地，整個環境不僅綠意迷人，更充滿果香誘惑，夢幻得簡直可以拍攝婚紗照。

除了兩大主角之外，果園裡更洋溢著濃濃的南國熱帶情調，嫣紅嫵媚的緬梔花、清純可愛的越南白蓮霧、靜謐優雅的睡蓮，還有壯碩憨厚的菠蘿蜜、榴槤，枝葉繁密的樹幹上，攀附著吐著芬芳的蘭花……。許多都是我從未見過的奇花異果，王乾坤如數家珍般的一一介紹。這些都是他從屏東科技大學拿回來的樹種，經過 5、6 年的時間，孕育出這一片芳草鮮美的園地，也難怪這些年來參訪果園的媒體、農友以及學生團體絡繹不絕，甚至連大陸對岸的教授考察團，也羨慕讚賞不已。

其實，這片令人驚艷的美麗果園，正代表著主人對成為一名「專業農民」的尊重與執著。自從搬到屏東後，王乾坤就到屏東科技大學上課。由於認真的程度更勝於一般學生，教授逐漸注意到這名年紀比自己還大的旁聽生，「後來，教授乾脆把報名表丟給我，叫我去考研究所。」王乾坤說，就這樣他成了屏科大熱帶農業暨國際合作研究所的學生，同學有一半是來台取經的老外，上課報告還得「摺」英文，並不輕鬆。正式入學後，他更用功了，不只是研究所，夜間部和大學部的課他也有興趣，包括植保系的病蟲害預防、食品系的生物酵素研究等，都可見他的身影。「食品加工是農業中很重要的一塊，我最近打算要把百香果做成水果醋，當然要去吸收基礎知識。」

王乾坤認為，農業要進步發展，還是需要學理支持才可能有所突破，進入學校大門，是擴大自己的資源。教授等於是他的智庫，其精心研究的理論，透過他的果園實務驗證，不僅本身受益良多，教授也可參考實驗結

乾坤果園經常有許多參訪團，王乾坤（右）總是細心解說接待。

果來修正研究方向，正是所謂教學相長，創造雙贏。

『部落客口碑 創造行銷佳績』

除了專業學理知識之外，王乾坤認為，行銷也是發展現代農業不可缺少的一環。第一年乾坤玉荷包生產時，交給盤商銷售，但他發現工人在裝箱時，都習慣將好的、大顆的果實放在上層，賣相較差的就藏在裡面，當他要求對方平均擺放時，得到的答案竟是：「做了 20 幾年，沒有遇過這種事，若要這樣擺就自己來！」王乾坤頓時發覺，若不建立自己的行銷通路，價格與遊戲規則都將操縱在別人手中，苦心培育的成果將大打折扣。

台灣少見的越南白蓮霧，讓人聯想起越南女子飄逸美麗的白長衫。

於是他一方面請朋友幫忙架設網站，一方面以過去商業界的人脈，拓展禮盒市場；並決定以低溫宅配的方式來運送產品，因為在 5℃ 的環境中，玉荷包保存期限得以延長，而且風味也更好。由於銷售成績不錯，黑貓宅急便將其推薦給產業媒體記者，報導曝光後，訂購電話接都接不完。一直到今天，每當媒體出刊見報，也常是王乾坤的頭痛時刻，因為有機栽培的產量有限，更隨時可能受到天候影響，產量跟不上訂貨量。他說，今年玉荷包在 5 月初就不敢再接單，而有機百香果的訂單也已經排到 97 年夏天了。

此外，良好的口碑，往往就是最有力的宣傳，尤其在部落格風行的現

乾坤玉荷包產量不多，備受識貨行家珍愛。

在，愛憎分明的部落客也可能成為行銷的助力。一位署名的「TPC 復活日記」的部落客，吃過乾坤玉荷包荔枝後，在網誌上大力讚揚，不但將個頭特大的乾坤玉荷包和一般荔枝對比拍照，還細數其優質服務。例如在禮盒裡附上食用方法與有機認證說明，貨到一週後以電話進行滿意度調查，還有作者母親感動於「從未看過梗這麼短的荔枝」、「7、8 公斤荔枝梗只有 50 克」等情境描述。只要在 Google 鍵入「乾坤玉荷包」搜尋，這篇真情流露的網誌就會跳出來，比任何廣告都還要有效。

『洞悉人性 物以稀為貴』

看著前方蒼翠的大武山，王乾坤說，從事農業不可缺少的是商業經營的頭腦，「物以稀為貴」其實是不變的原則，「供不應求」絕對比「供過於求」來得好。只很可惜「一窩鋒」是台灣果農的致命傷，今年搶種、明年砍，錢都到果苗商的口袋裡去了。儘管現在玉荷包當紅，他卻不看好，因為有些還未成熟就搶收上市，價格飆漲到一斤 400 多塊，當消費者花大錢卻吃不到好風味，下次就不會再上當了。即使他的玉荷包很受歡迎，但他反而打算縮減荔枝的種植面積，因為一般工人達不到他的要求，必須親力親為，所以他希望能夠集中專心照顧，以提高單位面積的產量。未來他將種植更多的百香果，其產期較長，照顧工作不似荔枝那麼緊迫，可以將時間調整得更為適當。

在果園築巢的赤腹 鶇C

對他來說，現在最傷腦筋的就是「時間不夠用」，平日上課佔去不少時間，參訪果園的人又多，所以王乾坤顯得非常忙碌。王太太心疼，忍不住抱怨說：「他經常白天『不務正業』，只好開夜車捉蟲，家裡頭燈有 4、5 頂！」說到這裡，忽然，一隻美麗的赤腹鶇，吸引了大家的目光，眾人忙著尋找牠的窩巢。我看著著這片芳果鮮美的園地，回想起來，最初的直覺似乎一點也沒錯，王乾坤雖然已超過半百，但是這位「專業農民」所付出的拼勁，卻連年輕人也自嘆不如。這位對自己專業認真的人，贏得了眾人的尊重，相信未來必定會有更甜美豐盛的果實等著他採收！

有機玉荷包照顧極為費神，王乾坤經常開夜車捉蟲。

乾坤玉荷包

達人檔案

姓名 / 王乾坤

年齡 / 約 50 多歲

經歷 / 南帝化工公司高階主管退休

商品 DATA

商品名稱 / 有機荔枝、有機百香果

售價 / 有機百香果一箱 80 元（1 斤）、有機荔枝一箱 1500 元（5 斤）

購買方式 / 電話或網路訂購

網站 / 乾坤有機生態農場
http://goo.gl/UIZlo

Facebook / 乾坤有機生態農場
https://www.facebook.com/GanKunYouJiShengTaiNongChang

地址 / 屏東縣萬巒鄉新厝村新平路 73 號

電話 / 0937692657、（08）7850617

網址 / wck.c9.idv.tw

食用方式 / 荔枝直接食用，百香果除直接食用，也可打成果汁

TOAF慈心有機農業發展基金會

國內有機農業的四大民間驗證團體之一

成立時間 / 民國 86 年 3 月 31 日

成立宗旨 / 促進身心健康，造就圓滿人身。回復大地元氣，饒益世代子孫。推廣慈心事業，建立誠信社會。

聯絡電話 /（02）2545-2546

溪底遙學習農園

打造有機小農的希望平台

有機達人——馮小非

今年年初，溪底遙學習農園 4 萬餘斤綠皮柳丁還沒上市，就已經透過網站被預訂一空；5 月份開始，綠皮柳丁醋進駐台灣 HOLA 全省11家分店。這是 HOLA 特力集團推動台灣本土有機與安心農產計畫，第一批打前鋒的有機小農產品。

4 年前，溪底遙學習農園在經歷 921 地震的南投中寮鄉成立。一個來自都市的女孩——馮小非，為了讓中寮的農業與土地重現生機，從寫一封封 e-mail 請教專家開始，一步步向老天學習，進而引發當地農友一同努力，種植有機柳丁。如今，溪底遙以對自然友善的方式，生產沒有農藥殘留的有機柳丁、有機鳳梨、炭火烘焙的龍眼乾、柳丁醋，以及自己種植的木藍製成的天然染液和染織作品，以理念感動了消費者。

今年暑假，溪底遙社區學園和圖書館成立了。大人可以在這裡學習用電腦上網和紀錄農事；小孩子則在自然課輔教學中，「以種菜來學數學，用愛培養信心」。在打造樂活人文新農村的理想中，溪底遙學習農園又前進了一小步。

從南投埔里開車前往中寮鄉，天氣有了變化，眼前的景色從明朗青翠轉為帶點幽暗的墨綠，和鄰近繁華簇擁的觀光休閒鄉鎮相比，四面環山的中寮，有一種靜默無言的表情。

『寧靜之鄉 因921地震而撼動』

溪底遙學習農園的辦公室位於柳丁農園旁的一間房舍，位置十分隱僻。這裡屬於中寮鄉八仙村馬鞍崙聚落「溪底遙」區域的平林溪畔，過去曾是鄉內難得的一片平坦良田；後因政府鼓勵廢耕轉作，逐漸荒廢，地貌因而轉成柳丁、鳳梨、檳榔等旱作。

溪底遙農園位於中寮鄉馬鞍崙聚落，不在交通動線上，而且位置隱僻。圖為溪底遙學習農園的辦公室。

一身俐落襯衫、長褲打扮的馮小非，在宿舍的客廳接待我們，雖然才剛風塵僕僕從台中趕回來，神態卻從容自若。馮小非笑說，中寮是個封閉、遲緩而安靜的地方，應該比我們想像中來得鄉下許多吧！初到中寮時，她發現從名間到集集，以及中興新村到埔里的公路都沒有經過中寮；由於不在交通動線上，缺少工商業，原本以種植香蕉為主的中寮，在台灣香蕉王國沒落後，20 多年來，除了人口不斷流失外，幾乎沒有任何變化。「不知是否天意安排，地震撼動了它，讓它不得不接受改變。」

『長期用藥 土壤酸化惡性循環』

921 地震那年，當時，東海社研所畢業，正在報社當編輯的馮小非，在第一時間內，進駐八成屋舍都倒塌的中寮鄉，投入災區重建工作。當重建工作告一段落，她留了下來，因她知道，鄉民因長期農業蕭條所失去的活力，其實並不比地震對這塊土地的傷害來得輕。

馮小非說，香蕉沒落之後，中寮改種柳丁。在以 921 地震「聞名」之前，這裡曾經是台灣的「柳丁王國」，不但產量豐盛，也因為氣候環境適宜，柳丁品質與風味都很不錯。但是大量栽種加上過度依賴農藥與化肥的管理方式，對農人與環境都帶來負面影響。在中寮有許多農人因肝癌過世，濫用化肥使得土壤嚴重酸化，不但增加環境負擔，也使得果樹對疫病抵抗力變差，植株壽命短甚至容易死亡。

但是，付出如此慘痛代價換來的豐產，並沒有換來合理的收入，尤其隨著進口水果增加，柳丁的價格逐漸下滑。每到柳丁採收期，農民的臉上仍少有笑意，因為 1 甲的柳丁扣掉資材成本後，收入約僅 10 餘萬元，付出一整年的努力，僅有如此收入，農人只好更拼命工作，栽種更多的面積，更加依賴農藥以減少人工照顧，但如此僅是陷入更糟的惡性循環。

由於果園中不噴灑農藥，因此每當要進入農園，就必須全副武裝以防蚊蟲叮咬，蚊香是必備的工具。

在柳丁樹頭套上紗網，預防星天牛侵襲。

『請教專家 用部落格紀錄農事』

為了停止這個惡性循環，馮小非認為還是得從改變農業方式開始，有機栽培將是一條看得到未來的路。然而要使 50、60 歲的老農夫改變習慣，豈是件容易的事！「因為沒有辦法說服他們，所以我就開始學習務農，試著以農人的心情來體會、面對現實的世界。」馮小非租下另一位發起人廖學堂的父親 5 分大的柳丁果園，在主婦聯盟合作社、台大園藝系教授鄭正勇與林碧霞夫婦、中興大學植病系教授蔡東纂、嘉義農事所研究員黃阿賢先生及許多前輩的協助之下，展開了農園學習計畫。

她以不用農藥的安全栽培方式照顧果樹，遇到問題就用 e-mail 請教專家；並且在溪底遙農園的部落格上詳細紀錄耕作方式，並計算成本，期望未來能夠與消費者進行深度溝通——究竟花多少錢才是吃到安全柳丁的合理價格？而對農事一竅不通的她，一種就種了 2 年。

「剛開始的時候真的遇到很多問題，最大的困難在於防治星天牛。

星天牛經常下卵在樹頭，幼蟲長大後會啃食樹的木質部，造成整棵樹死掉。」馮小非說，一開始看到蟲吃果子真的很心慌，對結果放不下；到了後來，則是因莫可奈何而不去管它。第一年的收成竟也有 4 萬多斤，和一般噴灑農藥 5 萬斤的產量，並沒有想像中差距那麼大。

「從這個結果我看懂了一些事情，」小非說，「如果人懂得退讓，老天會做給你看，一切自有安排。」她體會到這世界沒有一種生物可以獨霸，不管是蟲還是人。「當你已經做好自己所有該做的，就只有等待，這是放下，並非棄守。」她相信農業是人類與另一個世界的交界——農人與大自然互動，播種施肥，期望土壤吃飽喝足之後，餵養我們果實；另一方面也得和鳥類、昆蟲、細菌交手，互相克制慾望，讓彼此的物種皆能繁衍。

對她來說，所謂有機農業，不是從怕死、怕生病，或是只是從食物的層面來看，而是一種對生活全面的反省。如果為了吃一口飯，要對所有生物趕盡殺絕，其實這種爭權奪利、唯我獨尊的心，不只反映在農法上，也會反

溪底遙農園的有機鳳梨也到合樸農學市集擺攤。

溪底遙兩個種鳳梨的男人——陳泰龍與廖學堂，努力學電腦紀錄農事和學種鳳梨，終於收穫甜美的果實。

映在人的其他行為上；酸化的不只是土質，還有人的心。

小非說，其實有機農法和慣行農法最大的差別，就是要嚴謹的做好田間管理，不冀望特效藥。例如若通風採光好，病蟲害就自然比較少。做好管理是一種負責任的態度，自己想過什麼樣的生活必須自己安排好。溪底遙剛開始的時候，農民不是很有信心，後來看到果園的收成結果，以及網站架設起來、產品做了包裝與行銷，因為看到他們的付出，農民便開始一起努力，甚至以拿鋤頭的手寫下農事紀錄，讓小非很感動。

溪底遙農園在 92 年正式成立，94 年柳丁通過了無農藥殘留檢驗，現在兩位農友負責有機柳丁與有機鳳梨，還有一位種龍眼 40 多年的農友，以及一位藍染工作者，加上兩位行政人員。一邊從事網站設計的小非，則繼續從事長期無職給的農友服務以及行銷工作。

『傳遞感動 消費可以改變世界』

近二年來，溪底遙每年寒暑假出產的柳丁、鳳梨、綠柳丁醋、炭火烘焙的龍眼乾和桂圓濃縮薑湯，都有不錯的成績，網路可以說是幫了大忙。溪底遙的網站曾獲得全球華人部落格 2006 年最佳社區經營獎，所凸顯的不只是行銷的力量而已，而是一種將知識落實為行動，又將經驗無私分享所產生的巨大能量。網路不但讓產品成功行銷，更架起了一種正面且綿密的情感網絡。

例如由農友撰寫的農事日記，不僅能讓農友落實嚴謹的田間管理，也可透過開放式的留言

（上圖）遵循古法以龍眼薪材炭火烘培的龍眼乾，要三天兩夜不能斷火，才能製作出充滿碳焙香氣的龍眼乾。
（下圖）看到農友高空採收龍眼的情況，下次吃龍眼是不是也多一份感情？

瓶子裡裝的是農友的作業——農事日記。

板，參考專家建議以及過來人經驗的傳承。透過農事日記的作物生長變化，才知道原來柳丁不但和人一樣要做月子，而且還需要10 個月的時間，才能夠孕育健康的下一代。還有，看到農友描述架雲梯採收龍眼，以及炭火烘培龍眼乾的過程，才發現原來農業是一個如此需要厚工、精心與費神的手工藝術，頓時對農業生產過程與收穫的意義都有了不一樣體會。

除此之外，田間日記還記錄了自然生態與昆蟲的情況，例如附著在柳丁上的椿象，在葉片背面呈現幾何圖形的蟲卵、在果園目睹小鳥破殼而出的珍貴畫面等。透過一張張美麗生動的照片，以及辛苦中不忘自我解嘲的紀錄，讓人對植物、生物與整個生態的樣貌，都有了更深層的認識。

當然，人的心情與故事是最動人的。溪底遙的夥伴們在真誠流露的文字中，留下了一則則對務農、生活、生產、銷售、建立學園、關懷互助故事。例如，在今年暑假，社區學園開張了，小非遇到了一個去學園上課的小男孩，她特別要求握一下他的小手，她在部落格上寫著：「能握著一

自備吸管的椿象在柳丁上排列成J字型喝果汁。

個自願去上學的孩子的手，足以讓我有力氣握著方向盤，去到任何一個地方。」樸素的文字，能產生最動人的力量，也因此吸引許多人來關心溪底遙，當義工、捐電腦，幫忙修房子等，以各種不同的方式滋潤這個地方。

柳丁是多年生果樹，且從開花到收成長達十個月，在台灣這樣潮濕高溫的氣候下，如果希望減少用農藥來處理病蟲害，就必須投入大量人力。近5年來柳丁的產地批發價每台斤約6元（今年跌破5元），1甲柳丁約可收成4萬5千斤，扣除資材成本後，僅有10餘萬的收入。因此農人通常兼種其他作物或大面積栽種，如此就必須採取大量施藥的方式。根據我們今年的實驗結果，如果要讓消費者吃到接近無農藥殘留的柳丁，必須使一個農民能夠安心的照顧1甲地，在1甲收成約4萬斤（減藥栽培的損耗比慣行農法高）的情形下，如果要讓農民得到一份可餬口的收入，再加上資材與通路成本，每斤柳丁的末端價應為35元。

社區學園的小田圃裡，小朋友蒐集落葉做成自然堆肥。

這段在網路上的觀察紀錄，清楚傳達溪底遙的理念與作法。從結果來看，消費者是可被教育的，溪底遙推動了「消費可以改變世界」的觀念，讓位在「深山林內」的中寮農產品，可以直送到消費者的家中，也一點一滴的改變了對農業生產的既定模式。

『社區學園 愛心培育下一代』

小非說，這些年推行有機農法，更讓她深深覺得所謂「有機」，不在於技術方法，而在於觀念與想法。想要多一些有機的土地，應該從培育有機概念的農夫開始，因此下一代的教育更顯得重要。由於中寮鄉世代務農，而且中壯年都在外頭工作，隔代教養的情況很普遍，很多媽媽本身也是外國籍。小孩子在學校遇到瓶頸挫折，回家多半也無法找到協助，對於學習往往只好放棄。

因此在農園穩定之後，溪底遙以這幾年少許的營運積蓄，租下了辦公室附近空間——一個老農買了新厝所留下的一間鐵皮三合院、幾棵大樹和小田圃。社區學園有大人和小孩的圖書館，以及課輔教室。開辦免費的自然課輔課程，透過種菜、養蚯蚓、數蝌蚪的方式，把數學悄悄帶進；透過延伸閱讀，練習表達與書寫；還有圍棋課程，讓孩子學會安靜與取捨。

今年暑假，小朋友更在這裡進行一場「鄉下孩子的暑假遊戲」：砍竹子做梯子及獨木橋、曬香蕉絲做繩子、徒手抓魚、搭薯樹屋等。小非說，中寮的孩子功課雖沒有很好，但對自然的觀察能力卻很強，有了較好的學習環境和滿滿的愛心，未來很可能成為很棒的有機農夫、植物學家與昆蟲學家呢！

今年剛成立的社區圖書館，擺滿了小朋友愛看的童書。

有人說：認真的女人最美麗，雖然這句話好像已經變成了一句太俗氣的老台詞，但是看到馮小非談起溪底遙學習農園的神情，還是忍不住要用這句話來形容。儘管在中寮鄉推動這樣的工作，難免會遇到挫折，但是她總是懷抱著信心，同時也把這樣的理念傳遞給別人，影響了許多人。

「要學會忍耐並學會向前看，有些事我們只能聽其自然。雖說希望不可能養殖牛羊，但據說它可以把農人滋養。」這首佛羅斯特的詩，是小非特別選錄下來放在網站上的，鼓勵所有的夥伴也鼓勵著自己。「我希望 50 歲時可以退休，到世界各地的有機農場當志工（註）。」

小非說，今年農曆年，她去了一趟京都，順道拜訪了寫下《半農半 X 生活》的消見直紀，儘管語言不能完全通，卻感受到消見直紀的精神。在書上有這麼一段話：「一定有一種生活，可以不再被時間或金錢逼迫，回歸人類本質。一定有一種人生，在做自己的同時，也能夠貢獻社會。」我想，小非正是在過著這樣的人生吧！期望溪底遙學習農園可以實踐自己的理想，也希望有更多人關懷溪底遙，也關懷自己的生活。

註：有機農園的志工又稱為「務福」（WOOF，Willing Workers on Organic Farms），是一種新興的志工旅遊模式。方式是由有機農場主人接待志工食宿，志工出勞力，學習有機農藝與知識。目前全世界有 24 個國家有「務福」組織。

溪底遙學習農園

達人檔案

姓名 / 馮小非

年齡 / 30 多歲

經歷 / 報社編輯、上下游文化工場編輯設計、溪底遙學習農園。

商品 DATA

商品名稱 / 有機水果、柳丁醋、桂圓濃縮薑湯

售價 / 柳丁醋 400 元（分綠皮、黃皮兩種）、桂圓濃縮薑湯 420 元（1 瓶）、桂圓乾禮盒 170 元（每盒 1 斤）、桂圓乾家庭號 280元（每包 2 斤）

銷售點 / 農園、網站、全省 HOLA 門市

體驗行程 / 可預約參觀

網站 / 溪底遙學習農園
http://www.befarmer.com/

Facebook / 溪底遙學習農園
https://zh-tw.facebook.com/277424295601590

地址 / 南投縣中寮鄉八仙村永樂路 56-2 號

電話 /（049）269-3199

行政院農委會農業藥物毒物試驗所

工作項目包括協助各實驗場所及農民，發展植物保護之新方法，並促進農藥安全、經濟、有效的使用。

成立時間 / 民國 74 年

成立宗旨 / 農藥之研究與發展，農產品殘留有毒物質之管制，植物保護新方法之開發，技術服務及訂定各種檢定方法與評估標準，以確保農藥之安全使用及農產品之安全品質。

網址 / http://www.tactri.gov.tw

聯絡電話 / (04)2330-2101

江醫師の魚鋪子

為每一條魚製作身分證

無毒達人——江守山醫師

魚的身份證

產品名稱	海鱺生魚片(腹部)	重量	依標籤所示	營養標示(100g)			
產地	屏東海域			熱量	101 kcal	鈉	131mg
養殖户	恆春海洋養殖股份有限公司			蛋白質	20.4 g	鉀	323mg
處理廠	佳辰實業股份有限公司			脂肪	2.1 g	鈣	6mg
保存方法	家用冰箱冷凍庫-18℃保存	保存期限	一年(日期標示於封口處)	碳水化合物	0 g	鐵	0.3mg
						鋅	0.5mg

處理方式	養殖過程全程不使用藥物。捕撈後立即處理，零下40度急速凍存，真空包裝，無次氯酸鈉清洗，無一氧化碳發色。
產品特色	來自無污染海域箱網養殖，並經抗生素、重金屬、環境荷爾蒙嚴格篩檢把關，肉質細緻、富含EPA、DHA及優質蛋白質。
解凍方式	建議採取不拆封沖水快速解凍，解凍後請盡快烹煮食用，以確保鮮度及美味。
調理建議	拆封即可食用，是吃生魚片的第一選擇，去皮無刺，食用方便，清蒸、煮湯、煮粥、香煎皆宜。
檢驗單位	SGS 台灣檢驗科技-超微量工業安全實驗室-財團法人全國認證基金會(TAF)第1270號認證，等二家實驗室。

檢驗項目			
36項抗生素	合格	鉛≦0.5ppm	合格
		鎘≦0.5ppm	合格
孔雀綠≦0.34ppb	合格	汞≦0.5ppm	合格
還原孔雀綠≦0.41ppb	合格	砷≦5.0ppm	合格
		銅≦30 ppm	合格
戴奧辛&多氯聯苯(WHO-PCDD/F-PCB-TEQ) ≦ 8 pg /g fresh weight			合格

本公司所有產品已投保2000萬產品責任險：富邦產物保險0500字第95ML000150號。

江醫師の魚鋪子 嚴選

薩摩亞商宇丰玄股份有限公司台灣分公司

地　址：台北市中山北路6段13號1樓

服務專線：(02)2836-0025　傳真：(02)2832-9363

網　址：www.Drfish.com.tw

電子信箱：Service@drfish.com.tw

你愛吃魚嗎？遇到生猛海鮮就食指大動嗎？在天母有一家魚舖，既不開在市場裡，也不賣時下最熱門的黑鮪魚。店裡的每一條魚都有自己的身分證，上面記載了產地、養殖戶、檢驗項目、營養成分、解凍與調理方式等等；還必須通過 32 種抗生素、6 種重金屬、人工添加劑以及戴奧辛與多氯聯苯的檢驗，比衛生署檢驗還要嚴格！這家店的海產廣受衛生署與漁業署公務員、醫生、孕婦和癌症病人的歡迎，連腎臟科醫生出身的前立委沈富雄也愛吃。這家特別的店就是新光醫院腎臟科醫師江守山所創立的「江醫師の魚舖子」。

當我們生病時，經常會問醫生：「在飲食上要吃些什麼對病情比較好？」可別小看這個尋常的問題，許多事情有著意想不到的進展與改變，往往是由一個小小的提問所引發的。對江醫師來說，白袍人生與看似不搭嘎的賣魚事業產生關聯，正是從不斷提問與尋找解答的過程開始。

『藥罐子踏上行』

下午 4 點，江醫師看完當天最後一個約診病人，即脫下白袍，直接趕赴中山北路上的魚舖子。對他來說，這三年賣魚人的角色，雖然使他比過去忙碌許多，卻讓他更貼近於一位醫生的初衷。

許多人都對江醫師「不務正業」感到詫異。坐在辦公室，看著對面綠樹成蔭的忠誠公園，江醫師說：「或許是有股傻勁吧！既然是自己認為值得做的事，為什麼不做？」外表溫文儒雅的他，語氣異常堅定。

「其實當醫師和賣魚，對我來說都是偶然，但同樣都是為了追求健康。」江醫師說，從小他就是個大病號，在四歲那年，大腿股關節毀損，只能臥病在床，看著兄弟姊妹自由奔跑嬉戲。經過一年半的休養復建，才像嬰兒般重新學步走路。到了國中，他又患了甲狀腺機能亢進，吃藥成為家常便飯。高中時期，眼見著年邁的爺爺奶奶逐漸面對病老的痛苦，讓他在選填志願時，萌生一念：「若是當醫生可以幫助自己的家人，應該很不錯吧！」就是這自小對健康的強烈渴望，以及幫助家人的心情，讓他踏上了行醫助人之路。

『吃魚好處一籮筐』

多年的行醫經驗，逐漸讓他體會到一件事——「醫生的工作，說得直接一點就是擦屁股。」江醫師說，從民國 81 年看診到今天，他一直有種焦慮與無力感，眼看台灣的醫院雖然愈蓋愈多，但每日的門診卻依然爆滿！更驚心的是最近兩年，台灣尿毒新生率是全世界第一，盛行率則是第二，再加上糖尿病引起的腎病變，無法根治，只能控制；因此從日常飲食中，尋找對病患有效的照護及可防範於未然的方法，已經成為與醫學同樣重要的功課。

4 年前，一篇發表於歐洲《糖尿病照顧雜誌》的論文，讓江醫師的眼睛為之一亮。有一項研究針對兩組糖尿病患進行觀察，一組病人長期吃魚、一組長期吃肉，結果發現吃魚的病人腎功能改善，尿蛋白逐漸下降；但是吃肉的病人，不但腎功能變弱，尿蛋白也增加。吃魚，彷彿是一帖靈光乍現的解藥。

為了確認魚肉蛋白質對腎臟病的功效，以及對其他器官疾病是否可能

吃魚的好處多多，不僅可以抑制和預防特定癌症，對於眼睛、幼兒智力發展等都很有幫助。圖為魚舖子販售的香魚。

產生不好的影響，江醫師閱讀了 1000 多篇國內外研究報告，赫然發現，吃魚的好處真不少！不但可控制血糖與血脂肪，對於心血管疾病、老人智力衰退、乳癌、肝癌、直腸和大腸癌和子宮肌瘤等，都有抑制與預防的效果；在眼睛方面，可預防黃斑部退化和抑制青光眼；孕婦和幼童吃魚，可促進智力、語言和社交能力的發展；另外，吃魚還可以抑制食慾，以及降低憂鬱與沮喪感！

當時的江醫生有如中了彩券一樣的興奮！從此，不僅自己開始調整吃肉與吃魚的比例，在臨床上也開始鼓勵病人多吃魚。他有位罹患糖尿病多年的病患，對於胰島素治療頗為抗拒，由於這位中年婦女是個徹底的肉食主義者，江醫師便建議她從增加魚肉攝取的比例，來改善病情。

想不到兩個月之後，江醫師進行檢查，發現病患的血糖指數與尿糖指數都大為降低，甚至連膽固醇曲線也大幅滑落。原來，這段日子婦人嚴格遵守每吃三份魚才敢吃一份肉的規定，果然對於整體健康大有幫助！從此，江醫師不僅鼓勵所有的病人多吃魚，自己家中也幾乎餐餐有魚，成了標準的愛魚一族。

『水產汙染令人心驚』

然而，就在江醫師如獲至寶，為自己的發現高興不已的時候，一位病人的提問，卻讓他跌落了谷底。某次門診中，他照例對一位長者病患提倡吃魚的好處，想不到這位病患卻對他說：「江醫師，你難道不知道台灣近海的魚產，已經被污染得很嚴重嗎？」原來，這位病患是位資深的船長，一生從事捕魚業，對於台灣漁業的現況非常了解。連捕魚的人都質疑吃魚的安全性，江醫師不禁捫心自問：「那我究竟是害人還是助人呢？」

由於台灣早期腎臟科的醫師都受過毒物科的訓練，向來秉持實證哲學的他，很快地買了幾條魚送去檢驗，想不到一驗之下，只能以大夢初醒來形容。重金屬污染、人工保鮮劑、抗生素殘留樣樣不缺。吃魚的危險竟然將吃魚的好處全部抹煞，讓他備感挫折和沮喪。

從「吃魚」到「魚癡」，江醫師說，實踐有機生活的第一步，就是避免有害人體的物質進入體內。

所幸這時候，又有一個小小的提問又跑進了他的腦中——「想吃一條乾淨的魚真的是完全不可能嗎？」這一問力道確實不小，讓他立下決心，為自己、家人和病患找到乾淨無污染的鮮魚。江醫師的身分也從一位吃魚的消費者，推向了魚的研究者與把關者的世界。

『跑遍全台攔截漁獲』

江醫師為了掌握產地源頭，以進行各海域漁獲遭受污染情況的分析，也避免漁獲在運送過程中加入保鮮劑，他利用本業以外的時間，整整一年跑遍了全省的漁港與養殖場。江醫師說：「我到處拜託剛下船的船長把魚賣給我檢驗，他們都以為我是瘋子！」

原來，漁獲的作業方式都是直接整批交給漁會拍賣，江醫師半路攔截殺出的舉動實在是太怪異了。所幸，皇天不負苦心人，見面還有三分情，漸漸的有些船長認同江醫師的理念，再加上前述船長病患的幫忙支持，終於取得了漁獲來源。

他委託瑞士 SGS 台灣檢驗所，在每一批魚中取樣一條，從頭到尾搗碎，針對抗生素、重金屬、人工添加劑以及戴奧辛與多氯聯苯等環境毒物進行檢驗，檢驗出來的

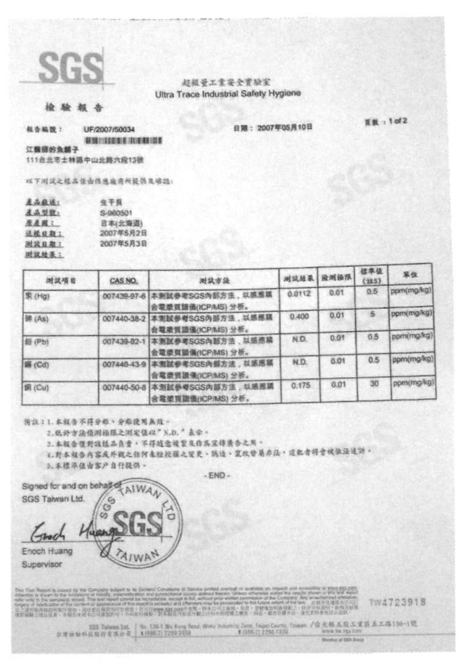
SGS

超微量工業安全實驗室
Ultra Trace Industrial Safety Hygiene

檢驗報告

報告編號： UF/2007/50034　　日期：2007年05月10日　　頁數：1 of 2

江醫師的魚舖子
111台北市士林區中山北路六段13號

以下測試之樣品係由供應廠商所提供及確認：

產品名稱： 生干貝
產品型號： S-960501
原產國： 日本(北海道)
送樣日期： 2007年5月2日
測試日期： 2007年5月3日
測試結果：

測試項目	CAS NO.	測試方法	測試結果	檢測極限	標準值(註5)	單位
汞 (Hg)	007439-97-6	本測試參考SGS內部方法，以感應耦合電漿質譜儀(ICP/MS)分析。	0.0112	0.01	0.5	ppm(mg/kg)
砷 (As)	007440-38-2	本測試參考SGS內部方法，以感應耦合電漿質譜儀(ICP/MS)分析。	0.400	0.01	5	ppm(mg/kg)
鉛 (Pb)	007439-92-1	本測試參考SGS內部方法，以感應耦合電漿質譜儀(ICP/MS)分析。	N.D.	0.01	0.5	ppm(mg/kg)
鎘 (Cd)	007440-43-9	本測試參考SGS內部方法，以感應耦合電漿質譜儀(ICP/MS)分析。	N.D.	0.01	0.5	ppm(mg/kg)
銅 (Cu)	007440-50-8	本測試參考SGS內部方法，以感應耦合電漿質譜儀(ICP/MS)分析。	0.175	0.01	30	ppm(mg/kg)

備註：1. 本報告不得分離，分離使用無效。
2. 低於方法偵測極限之測定值以"N.D."表示。
3. 本報告僅對該樣品負責，不得複製及作為宣傳廣告之用。
4. 對本報告內容或外觀之任何未經授權之變更、偽造、竄改皆屬非法，違犯者將會被依法追訴。
5. 本標準值由客戶自行提供。

- END -

Signed for and on behalf of
SGS Taiwan Ltd.

SGS TAIWAN LTD SGS TAIWAN

Enoch Huang
Supervisor

TW4723918

透過第三公正單位SGS檢驗，取得公信力。

結果，竟發現從深海到近海，從野生到養殖都有意想不到的汙染，這才驚覺全球生態環境破壞得有多嚴重。

『海撈養殖各有問題』

以野生魚為例，長期以來，大家都認為深海魚是最新鮮也是營養價值最高的，但是檢驗結果卻發現，鮪魚、鯊魚、鱈魚、旗魚等魚類的汞含量相當的高，甚至還有多氯聯苯，可怕的是這樣的汙染情況幾乎已經是「四海一家」、「全球化」了！

江醫師說，他曾經在台灣近海的吻仔魚驗出極高的多氯聯苯，在英國附近海域捕撈的鱈魚身上，驗出防火塗料的成分，這是因為「大魚吃小魚、小魚吃蝦米」的食物鏈生態，以及化學藥劑最終都從河水排到海洋之中，導致深海魚體內承載了整個環境汙染的結果，「有國外的報告指出，連北極熊的皮下脂肪都被驗出有多氯聯苯，這也是北極熊瀕臨絕種的原因！」這樣的結論真令人膽顫心驚。

野生魚類多遭污染，國內養殖水產的問題更有過之而無不及。為了追求產能，台灣水產養殖密度很高，十分容易感染病菌，最快的解決方法就是吃藥——餵食抗生素。這殘留的抗生素，不僅會引起人體過敏，還可能引發肝腎中毒的危險。此外，養殖魚類身上還常驗出另一項重金屬——砷，而砷另一個為人熟知的名字就是「砒霜」，這與台灣幾十年來積極發展電子產業，有很大的關係。

在魚之外，養殖蝦貝類的問題一樣嚴重，為了預防白斑病和寄生蟲，蝦子往往含有高劑量的福馬林與殺蟲劑；同時為了延長蝦子的美觀色澤，還添加俗稱「蝦鮮」的亞硝酸鹽。這些年來江醫師曾經送驗蝦子 30 多次，第一個合格的是台灣人去汶萊養殖的蝦子。

至於貝類方面，由於貝類本身具有淨化水質的功能，以及抓取礦物質製殼的特性，使得貝類特別容易受到銅、鉛、鋅、鎘等重金屬汙染。有些商人為了消毒和延長存活期限，還添加可能引起肝腫瘤的孔雀石綠。國內時有所聞的綠牡犡、西施舌、孔雀蛤中毒事件，相信大家都還記憶猶新。

而由於海洋污染是全球性的，連人類補充的健康食品，如深海魚油，和經常以貝類磨粉製成的鈣片，都有可能含有重金屬成分！

『台灣九成水產無法通過檢驗』

聽到這裡，早已目瞪口呆的我，不禁問道：「那在台灣還找得到安全可食用的魚嗎？」

無污染海鱺魚切片

紐西蘭淡菜

（上圖）安全無毒的鮭魚切片。
（中圖）秋刀魚。
（下圖）鯖魚的DHA與EPA含量非常豐富。

「只有一成的水產能夠通過檢驗。」江醫師說，好像武俠小說裡，要取得寶物先得將看守寶物的毒物怪獸給斬除一樣，經過一年耗費 300 萬檢驗費的辛苦歷程，終於找到安全可靠的漁獲來源。首先是在小琉球養殖海鱺魚的洪國清醫師，由於洪醫師家族從事漁業，身為醫生的他有一份使命感，特別採用挪威進口的箱網方式，飼養生長速度快、不易感染寄生蟲且肉質甘甜的海鱺；此外還有幾個無污染海域的捕獲的野生魚；以及紐西蘭的淡菜和阿拉斯加的北極貝等。

「整個過程中，最難突破的是養殖業者的觀念，要他們放棄傳統用藥的習慣，難度比找到乾淨的野生魚還高！」江醫師說，其實走向有機無毒養殖，是台灣漁業很值得努力的方向，面對大陸水產價廉但問題重重的狀況，更可以突顯競爭力。

近來，他終於找到能接受新觀念的養殖魚業者展開契作，依然將每批魚都外送到第三公正單位檢驗。儘管每次檢驗費用都在 2、3 萬元以上，江醫師仍然堅持嚴格把關。不久前在業者養殖的漁獲中，也曾檢驗出含有抗生素成分，最後追查發現是外購的魚飼料中添加了抗生素，不得不整批退貨。但這次的經驗也說明了，想要食用安全無毒的魚，必須每個環節都萬分注意。

『經營三年達到收支平衡』

談到賣魚的甘苦，江醫師說，一開始太太不能諒解，當醫生已經夠忙了，幹嘛把自己搞得這麼累，而且又不賺錢。不過現在太太早已轉為支持

位於天母的江醫師の魚舖子門市，清爽大方。

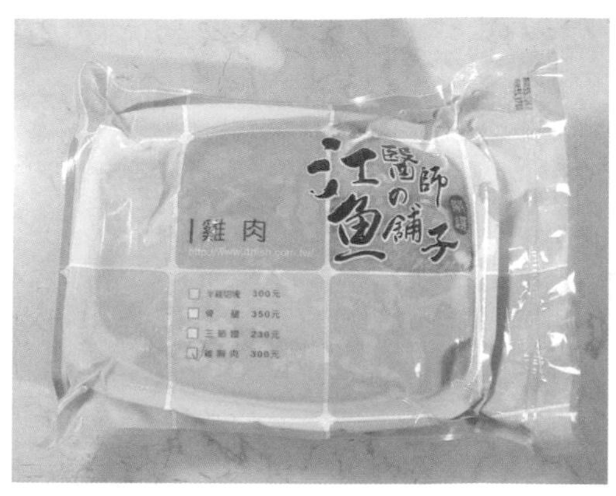

應會員要求，魚舖子也對茶葉、雞肉進行檢驗，推出無毒茶葉與雞肉。

了，因為很實際的，「若是我把店收起來，那麼她到哪裡去買魚？！」江醫師笑說。魚舖子的經營終於在 3 年後達到收支平衡，對他來說，最大的意義就是證明了只要有心，事情總是可以成功的。

「我做的事情，簡單的說就是把吃魚知識化！」江醫師說，魚舖子的一項創舉，就是為每一條魚製作身分證，包括產地、養殖戶、檢驗項目、營養成分、解凍與調理方式，通通都寫在身分證上，讓消費者清楚知道自

魚的身份證

產品名稱	海鱺生魚片(腹部)	重量	依標籤所示
產地	屏東海域		
養殖戶	佳春海洋養殖股份有限公司		
處理廠	佳辰實業股份有限公司		
保存方法	家用冰箱冷凍庫-18℃保存	保存期限	一年(日期標示於封口處)
處理方式	養殖過程全程不使用藥物，捕撈後立即處理，零下40度急速凍存，真空包裝，無次氯酸鈉清洗，無一氧化碳發色。		
產品特色	來自無污染海域箱網養殖，並經抗生素、重金屬、環境荷爾蒙嚴格篩檢把關，肉質細緻、富含EPA、DHA及優質蛋白質。		
解凍方式	建議採取不拆封沖水快速解凍，解凍後請盡快烹煮食用，以確保鮮度及美味。		
調理建議	拆封即可食用，是吃生魚片的第一選擇，去皮無刺，食用方便，清蒸、煮湯、煮粥、香煎皆宜。		
檢驗單位	SGS 台灣檢驗科技-超微量工業安全實驗室-財團法人全國認證基金會(TAF)第1270號認證，第二家實驗室。		

檢驗項目	結果
36項抗生素	合格
孔雀綠≦0.34ppb	合格
還原孔雀綠≦0.41ppb	合格
鉛≦0.5ppm	合格
鎘≦0.5ppm	合格
汞≦0.5ppm	合格
砷≦5.0ppm	合格
銅≦30 ppm	合格
戴奧辛&多氯聯苯(WHO-PCDD/F-PCB-TEQ) ≦ 8 pg /g fresh weight	合格

營養標示(100g)			
熱量	101 kcal	鈉	131mg
蛋白質	20.4 g	鉀	323mg
脂肪	2.1 g	鈣	6mg
碳水化合物	0 g	鐵	0.3mg
		鋅	0.5mg

江醫師の魚舖子 嚴選
薩摩亞商宇丰玄股份有限公司台灣分公司
地址：台北市中山北路6段13號1樓
服務專線：(02)2836-0025 傳真：(02)2832-9363
網址：www.Drfish.com.tw
電子信箱：Service@drfish.com.tw

本公司所有產品已投保2000萬產品責任險：富邦產物保險0500字第95ML000150號。

魚舖子首創為每條魚製作一張身分證，清楚標識產地來源與檢驗結果。

己所吃下的東西。這不僅是負責任，無形中也教育了消費者，對於自己吃的東西就該如此慎重。

而這幾年來，江醫師致力鑽研吃魚這件事，透過產品與出書，打破吃魚的迷思，不斷將正確的觀念與心得分享出去。例如，傳統吃魚有「一鮸、二加納、三鯧、四馬加」的說法，其實這是承襲了大陸吃魚的習慣。台灣海域有許多魚種是當季當地生產，新鮮無污染且營養價值高，十分值得推廣，包括宜蘭南方澳海域生產的俗稱鬼頭刀的暑魚，美國人喜歡拿來當魚排；北台灣沿海出產的鯖魚，DHA 和 EPA 不飽和脂肪酸都很高；另外一般人不當做高級魚的秋刀魚，DHA 含量也相當豐富。

江醫師の魚舖子逐漸受到消費者的肯定，成功吸引了許多注重健康的顧客。

『從愛吃魚開始愛地球』

穿衣服和買東西大家喜歡跟隨潮流，但是江醫生奉勸吃魚最好別跟著流行走。近年盛行的黑鮪魚，屬於容易沉積重金屬的深海魚，而且成熟鮪魚的生長週期需要 30 到 40 年，以現在的速度繼續吃下去，恐怕將瀕臨絕種了。而中秋節老饕最愛的大閘蟹，其實野生的數量極為有限，要在短時間供應大量的消費者需求，快速養殖的品質就很讓人擔心了。「知識就是力量」這句話確實一點都沒錯，無知盲從，不僅傷害自己，更傷害了整體環境生態。

江醫師看著中山北路的車潮，悠悠地說：「從吃魚這件事開始，我發現人類任意破壞生態環境所種下的惡果，不管是躲到北極或是喜馬拉雅山，都逃不掉，所以從現在開始一定要避免做傷害環境的事。」原來，一花一世界，只要有心，愛吃魚也可以是與愛地球臍帶相連的事情。江醫師已經用最具體的行動告訴了我們。

江醫師的魚鋪子

達人檔案

姓名 / 江守山

年齡 / 40 多歲

經歷 / 曾任榮民總醫院腎臟科總醫師、現任新光醫院腎臟科主任

商品 DATA

商品名稱 / 無毒魚

售價 / 依種類而定。

網站 / 江醫師の魚鋪子
http://www.drfish.com.tw/

Facebook / 江醫師の魚鋪子
https://zh-tw.facebook.com/179284035484750

目前全省有 48 家加盟店或分店，請至網站查詢

烹煮方式 / 清蒸、烤，或海鮮沙拉。儘早煮食，避免油炸，才能留住最多的 DHA

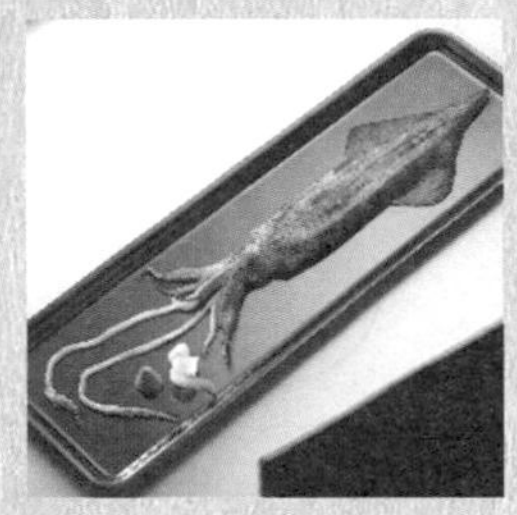

SGS Taiwan Lt.台灣檢驗科技股份有限公司

SGS 瑞士通用公證集團成立於 1887 年，是全世界最大測試、認證與檢驗公證集團。目前在 140 多個國家擁有 1,000 個分公司及 340 個實驗室。台灣分公司服務範圍包含農產部、消費品檢測部等，提供的測試驗證範圍很廣，其中包含農產品、水產品等。

成立時間 / 民國 41 年

成立宗旨 / 協助廠商順利拓展外銷及提升品質，為台灣未來經濟發展貢獻心力。

網址 / www.tw.sgs.com

聯絡電話 /（02）2299-3939

吉品無毒蝦

台灣在地養殖蝦標竿

無毒達人——白佩玉＆劉吉仁

包包有 GUCCI、COACH，牛仔褲有 Lee、Levis，但是你聽過買蝦也要挑品牌嗎？台灣稀有的生鮮蝦自有品牌——吉品無毒養生蝦，以不投藥飼養為訴求，通過 SGS 檢驗認證。產品上市一年多以來，會員超過 1300 多人，2 成客源來自網路，4 成是會上市場買菜的婆婆媽媽，4 成則是知名餐飲飯店，其中包括老字號的台南度小月餐廳，以及對食材相當挑剔的礁溪老爺大酒店。

很難想像，打造創新品牌的幕後團隊，並非經驗老道的水產養殖大戶或財團，而是 5 個不到 40 歲的「五年級」上班族。發起人白佩玉和劉吉仁，是一對人人稱羨的科技新貴夫妻，4 年前「蝦頭蝦腦」下海養蝦，將網路世界豐厚的本益比，投入傳統產業，到第 3 年才開始收成販賣。儘管現在還不斷在燒錢，但是心靈的豐富收穫，卻讓他們大呼值得。

六月天的宜蘭壯圍鄉，遼闊的白雲藍天倒映在一窪窪的養蝦池中，強烈的陽光扎得人眼睛發疼。這天是吉品無毒蝦收成的大日子，Kelly（白佩玉）和 Alan（劉吉仁）清晨從台北趕過來，一身休閒打扮，不知情的人還以為這對俊男美女是去度假呢！一到現場，兩人二話不說，戴上斗笠直奔蝦池，除了盯場，也因為電視台來採訪拍攝，他倆努力拉網收蝦，配合著攝影師的要求。Kelly 白皙的皮膚，在大太陽下特別顯眼。

劉吉仁與白佩玉飼養的無毒蝦廣受媒體報導。

『初生之犢蝦闖關』

怎麼看 Kelly 都像是在公司主持會議的女強人，或是飯店裡喝下午茶的知性貴婦，下海養蝦真的是親眼所見還跌破眼鏡！「只能說是酷愛美食惹的禍！」Kelly 說，她和 Alan 每年都要出國渡假兩三次，某次在馬來西亞吃到了鮮美的蝦子，對方還展示了新式養殖技術。他們在評估商機後，動了引進台灣的念頭。初生之犢不畏虎，經營資訊網路公司的他倆，找了同樣背景的友人杜墨璽及劉沛玉夫婦，一同展開無毒養蝦大作戰。從找池子養蝦、僱用當地人員、清潔整池、投苗育蝦等從頭開始，這才知道不僅隔行如隔山，更了解無毒養殖有多困難。

「剛開始，因為不了解水質，不知道養死了多少蝦！」Kelly 說，養蝦最重要的就是顧好水質，一落雨、一起風，水的溫度、酸鹼質、含氧度、鹽分也隨之改變，都會影響蝦子的育成率。或許是科技人對核心技術的過

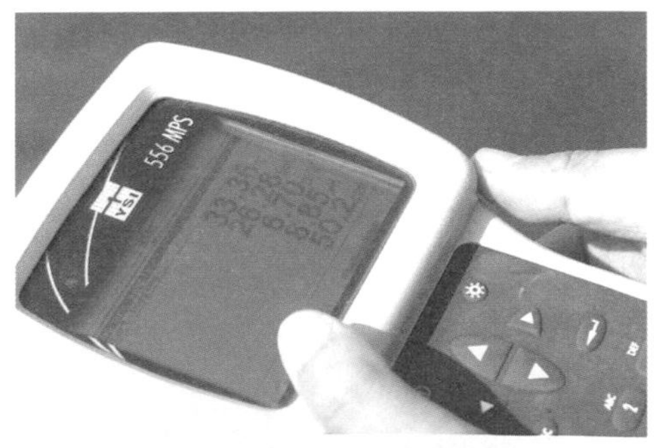

（上圖）養蝦最重要的就是維持良好的水質。要適時換水，調整溶氧酸鹼度。

（下圖）這隻機器可隨時測量水質的溫度、含氧度、酸鹼度與鹽份。

度依賴與樂觀，她引進新的養殖技術，以物理性技術改變養殖水體，來解決因天災、季節變動問題，使蝦隻在穩定的環境中健康成長。當時她覺得擁有核心技術至少就解決百分之八十的問題，卻忽略了再高級的科技，若不能適地適用，也是惘然。而這一點只有離開了辦公室、進入實際環境中親身體驗，才知道「大自然」的可敬及可畏。

於是他們收起既有的信念，重新學習，同時投入更多資金，花了 100 多萬挖海水井引進海水，調整水質鹽度及酸鹼度；建立 SOP 作業流程，使顧蝦池的老伯能夠按部就班作業，減少人為疏失。後來，連 Kelly 的弟弟白景文都下海了，原本從事照明工程的上班族成了駐守養蝦池的台柱，一邊和老經驗的阿伯學習觀察水色，一邊挑戰完全不用藥的飼養極限。現在的他全身曬到黑得發亮，比當地人還像當地人。

1 2 3
4 5

原本是上班族的白景文，已下海駐守養蝦池一年多，他示範如何觀察小蝦生長情形。圖1. 放飼料觀察蝦子的活動力。圖2. 拉起。圖3. 飼料很快吃完，表示活動力良好。圖4. 貼近觀察小蝦生長情況。圖5. 餵食飼料也有學問。要均勻的灑在池邊，才不會使蝦子長得大小不均。

『面對蝦類養殖的真相』

除了難以掌控的自然變素外，還有意想不到的人禍！花大錢接的海水管，卻被區公所挖斷兩個月；在電視新聞中常看到電纜被偷的倒楣事，也發生在他們身上。聽到這裡，我忍不住問道：「從沒想過要放棄嗎？為什麼會如此執著於養蝦事業？」

「愈是體會不投藥養殖的困難度，就愈不得不面對現今水產養殖的真相。」Kelly 說，蝦類疾病是目前水產養殖產業最難解決的問題，主要因為養殖池長期放養本身就容易導致殘餌、排泄物、化學藥物及水源等有機毒物的堆積，而常會產生有毒物質，如氨、亞硝酸、硫化氫等。

再者，目前台灣養殖蝦蝦隻存活率低主要是因為白點病及桃拉病毒。由於蝦病爆發速度極快，而且一旦爆發即全池遭殃，所以業者只要發現蝦池有異狀，便會將蝦子直接收成，消費者在這樣的情況下，買到病死蝦的機率大

科技人投入養蝦，夫妻倆繳了許多學費。

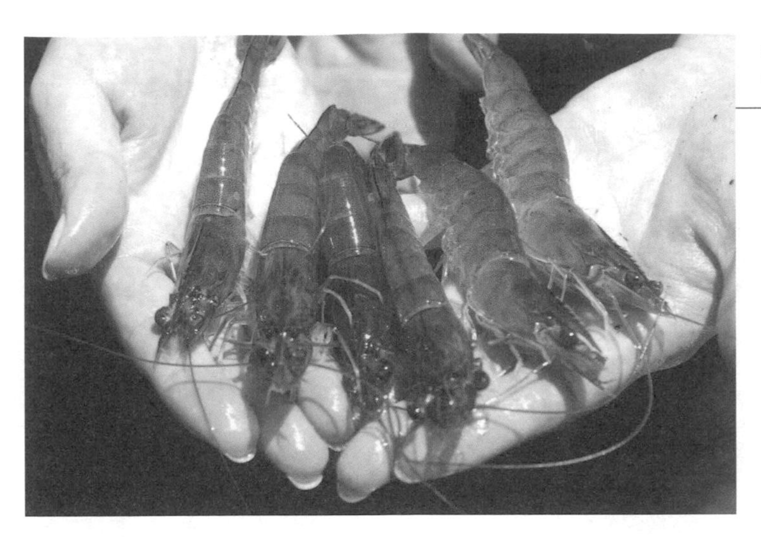

未投藥飼養的蝦子看起來十分健康。

增；當然，為了對抗病毒及病菌威脅，多半會在蝦飼料中添加抗生素。

本地養殖問題重重，台灣大量進口的東南亞蝦，還有中國、越南走私進來的蝦子，問題更不遑多讓。除了抗生素之外，還曾檢驗出可破壞遺傳組織、引發血液性疾病及使骨髓受損的氯黴素。因盤商的剝削收購，只求成本不求品質，使得有些國家養殖業者對於食品安全毫不在乎。「只要能養出像蝦子的東西，其他都不重要。」Kelly 的這番話，讓我驚覺原來味美紅艷的蝦子，竟然可能是讓人不設防的蛇蝎美人。

而在養殖之外，販售的運送過程中也可能暗藏危機。Kelly 說，一般人常認為活蝦最新鮮，然而為了讓蝦隻在運載過程中避免排泄，有些業者時常在收蝦的前三天就停止餵食。挨餓的蝦子活力及抵抗免疫力都變弱，內行的人都知道如果沒有氧氣泵輸氧，蝦子在一個多小時以內就會死去，但若往水裡注入氨氣，或者加入一些藥物，蝦子就至少可以多活上一天。所

蝦子養成約需5個月才能收蝦。

以所謂的活跳蝦，雖然看起來生猛，但卻吃不到健康。此外，在超市或菜市場販售的蝦通常是擺在水裡、盤上或是冰塊上，儘管看起來新鮮，但卻可能歷經反覆冷凍、解凍的過程，而有大腸桿菌感染或是蝦隻內臟腐敗的疑慮。「那麼，剝殼的蝦仁也有可能是不新鮮的蝦子去殼後的求生術囉！」很愛吃滑蛋蝦仁飯的我，很難不「舉一反三」的聯想。

所以，當她比別人有機會去面對昭然若揭的真相時，接下來就是如何選擇的問題了。看著眼前的養蝦池，Kelly 說：「我把心態回歸到一個消費者，我想吃新鮮的蝦子，我的孩子和親朋好友也愛吃新鮮的蝦子，那就當作是為自己養的好了，還有機會去分享給別人。」雖然不確定未來還有多少挑戰，但是他們已經選擇了一條「知難而進」的道路。

『打造自有品牌』

拍完外景之後，拍攝移師到屋內，Kelly 現場煮蝦，示範無毒蝦與一般市售蝦子有何不同。她指著兩碗煮過蝦的水，開心地說：「你看，我們家的煮過蝦的水清澈不混濁，沒有殘留物。」Kelly 說，在投入的第 3 年，蝦子的養成率終於漸趨穩定，每 5 個月可以收一次蝦。但是與盤商的接觸，讓他們決定要走自有品牌路線。「收蝦的價格與當初約定有出入，而且想到蝦子收過去，可能會和其他蝦子混在一起，

1 2
3

圖1. 左邊是煮過無毒蝦的水，明顯比較清澈。圖2. 無毒蝦比一般市售蝦看起來個頭大，飽滿有彈性。圖3. 無毒蝦採單隻冷凍，方便適量取用。

消費者不知道是誰養的，吃了出問題也不知道找誰，就覺得很難過。」所以，雖然當初與盤商的合作不順利，現在回想起來卻反而是好事。

而且重要的是，蝦子保鮮最好是在地養殖收成後，以最短時間在符合國際 HACCP 標準下急速冷凍，全程低溫保鮮才會有保障。所以吉品無毒蝦的包裝、冷凍的方式也是和一般不同，為了方便消費者依照自己的需求分次取用，蝦子是一隻隻冷凍，而不是結成一整塊，這樣可避免吃不完重複冷凍、解凍。在冷凍包冰的過程，也是相當繁複，首先蝦子要清洗三遍，洗去海藻、泥塵等雜質，依大小分級後，IQF 急速冷凍，之後再拿出來包冰，接著再次冷凍讓其乾燥，半天後才能裝箱出貨。

產品問世後，Alan 和 Kelly 的角色也有所調整，他倆經營的網路公司是台灣最早進入大陸市場的命理網站，現在由 Alan 主持，Kelly 則全力投注於無毒蝦的行銷工作。Alan 說，過去曾有一年大陸那邊的營收就超過了一億，他們將現金換成房子，這幾年則是將房子換回現金後再換成蝦子，如今蝦子

健康養殖的無毒蝦看起來晶瑩剔透。

飼養無毒蝦使白佩玉更接近自然與人群。

卻變成了負債。儘管現在的育成率已經提高了，養殖面積有 10 甲，平均 1 甲地可收成 1 萬斤，不過還是沒有達到收支平衡。在網路事業裡賺錢，卻在現實傳統產業裡燒錢，「很多朋友都笑我們何必為了喝牛奶，養一頭牛。」

『建立美味合作社』

然而，從事無毒蝦養殖，讓他們的生命列車開往不同的方向，看到新的風景，這是虛擬世界裡找不到的。

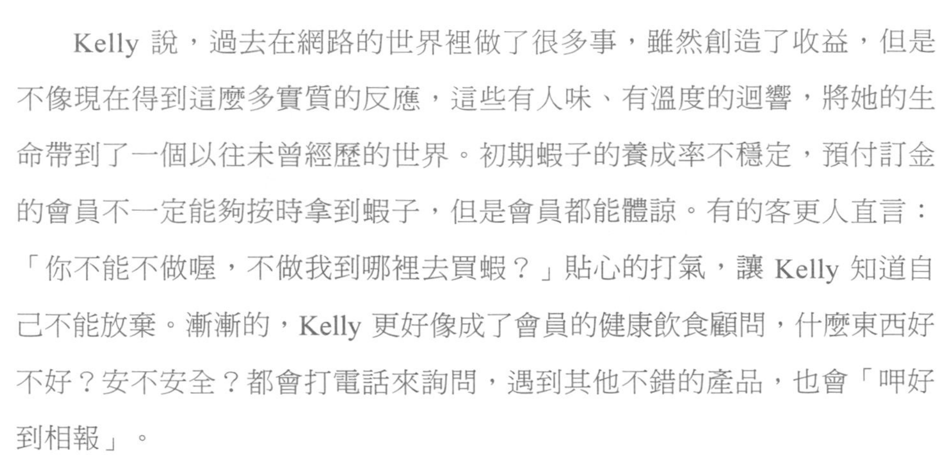

Kelly 說，過去在網路的世界裡做了很多事，雖然創造了收益，但是不像現在得到這麼多實質的反應，這些有人味、有溫度的迴響，將她的生命帶到了一個以往未曾經歷的世界。初期蝦子的養成率不穩定，預付訂金的會員不一定能夠按時拿到蝦子，但是會員都能體諒。有的客更人直言：「你不能不做喔，不做我到哪裡去買蝦？」貼心的打氣，讓 Kelly 知道自己不能放棄。漸漸的，Kelly 更好像成了會員的健康飲食顧問，什麼東西好不好？安不安全？都會打電話來詢問，遇到其他不錯的產品，也會「呷好到相報」。

會員的需求也激勵 Kelly 開發更多產品。Kelly 說：「前陣子會員端午節要包粽子，嚷著說市售蝦米都是大陸進口染色的，吃起來不安心。」她靈機一動：何不把小蝦烘培成蝦米？於是興致勃勃訂購了一台進口的變頻式食物烘乾機，將小蝦灑上猶他州的岩鹽，親手烘培起無毒蝦米。在良好互動之下，會員中的婆婆媽媽們也開始貢獻自己的長才。說到這裡，Kelly 打開一罐玻璃罐，「你嚐嚐看，這是一位會員用橄欖油及北海道大干貝做的 XO 醬，味道鮮美夠勁兒，不輸五星飯店做的喔。」其實不只 XO 醬，還有未來打算推出的水餃，也是台中會員用無毒蝦蝦仁、不打抗生素豬肉和有機高麗菜做的新產品。待攝影師拍完照，我夾起水餃試咬了一口，滿口蝦仁和蔬菜的鮮甜，健康美味的食材加上婆婆媽媽的好手藝，真是如虎添翼。

「到後來，我發現這個事業演變下去會是一個美味合作社，大家把好的、健康的東西貢獻出來，也尋找分享其他品項的有機食材，很有意思的，跟我們經營網路公司，提供分享平台的理念，卻又不謀而合。」Alan 在一旁興奮的補充。

以小蝦烘培的蝦干米，吃起來香脆夠味，當零食吃亦可，產品已小量生產還在研發階段。

和會員合作的無毒蝦仁水餃，內含肥美蝦仁十分誘人。

已經採用無毒蝦一年多的台南度小月餐廳，老闆洪桂蘭也和 Kelly 變成了好朋友。Kelly 說，選用上好的食材是餐廳在激烈競爭中致勝的關鍵。洪桂蘭身為創辦人洪芋頭長孫女，自從父親過世後，扛下了家傳三代的招牌，卻為找不到好蝦而困擾。原本以甜蝦熬出來的湯頭是度小月的招牌，但是卻發現客人以前原本連吃三碗的，漸漸減為兩碗、一碗，甚至不來了，直到老客人提醒說：「你們的湯頭有消毒水的味道。」才恍然大悟，原來問題出在熬湯的蝦頭身上。儘管已經過水三次後才熬湯，仍然無法去除一般蝦子的藥水味。後來，洪小姐因為看到商周的報導而找上了吉品，Kelly 也很夠義氣以成本價供應，支持這家老店的用心。現在顧客都已經回穩，台南度小月擔仔麵三代家傳的古早味依舊流傳，Kelly 也感到與有榮焉。

『找回自然的連結』

Alan 說：「是養了蝦子之後，我才感受到自然與自己的關係。」Alan 說，以前颱風來了，他和台北上班族一樣，等著放颱風假，但是現在卻知

位於宜蘭壯圍的養蝦池，以前是台灣蝦子養殖重鎮。

道緊張；蝦池邊長草了，以前看顧池子的阿伯都是習慣除草劑噴下去，但是現在卻知道這樣會破壞生態環境。所有的環境、海洋污染，都與自己息息相關，這些都是在電腦世界裡學不到的事情。

Kelly 說，現在的她知道要惜福，要順從自然，也更愛這個地球。「我和 Alam 都是美食主義者，我又喜歡搶著嚐鮮，以前特別偏愛吃這個季節吃不到的東西。」但是她現在知道，吃當地、當季所盛產的食材是最好的，因為不違背自然；盡量在家吃飯，即使外食，也知道點空心菜這種生長快速、不需要使用農藥的蔬菜；而東西吃不完，也會打包回去，因為現在特別能夠體會生產者的辛苦。「其實大人唯一能留給孩子的就是這些了，希望他們將來回想起來，父母吃東西時都很注意、很珍惜資源，能夠幫助他們保護自己，保護環境，這樣就很值得了。」已是三個孩子的媽的 Kelly 說。

提到自己的改變，Kelly 說，以前的她關心的領域離不開孩子、開會、服裝、旅遊、美食，但是現在則是孩子、健康、飲食、環境，當然還有就是會員了。養殖無毒蝦之後，生活變得簡單，過去每年都要出國旅遊兩三趟，今年暑假哪兒也沒去，卻覺得心靈很充實。

談到未來的希望，Kelly 說，堅持在地飼養最大的挑戰還是在於如何提升育成率，養出更多健康的蝦子，這一點其實很仰賴於整體環境的改善。儘管聽起來目標似乎遙遠且不可掌握，「但是只要能少用一次化學清潔劑都會是一次良性的循環！」Kelly 走出戶外，將手中的龍鬚菜投入營造海水環境的自淨池中，增加含氧量。她興奮的指著說：「你看，裡面有很多小魚喔！」或許這小魚正像 Kelly 的希望，看起來渺小卻又隱藏著無限生機，未來會如何發展，正等著我們這一代做出選擇吧！

將龍鬚菜投入自淨池，可增加海水含氧度，營造最接近海水的環境。

吉品無毒蝦

達人檔案

姓名 / 白佩玉、劉吉仁

年齡 / 30 多歲

經歷 / 資訊業、網路公司負責人

商品 DATA

商品名稱 / 吉品養生無毒蝦

售價 / 650 元（1 斤）

網站 / 吉品養生股份有限公司（吉品無毒蝦）
http://www.gping.net/

Facebook / 吉品養生無毒蝦
https://zh-tw.facebook.com/gping.net

購買方式 / 電話、傳真、網站訂購，或加入會員定期宅配

地址 / 台北市民權東路 2 段 135 巷 20 弄 15 號 1 樓

電話 /（02）2775-4982、0935-855709

食用方式 / 蝦子自冷凍庫取出後稍微沖水（切勿泡水），以一碗水煮沸後將 300 公克（約一小盒）解凍蝦放入，稍微翻動一下，不要讓蝦黏在鍋底，可加點鹽，水再滾後浸置熱水中 3 分鐘即可，勿久煮影響口感。

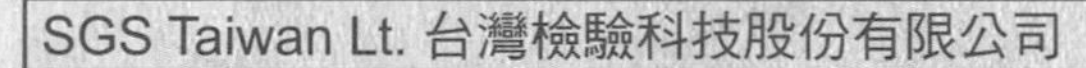

SGS Taiwan Lt. 台灣檢驗科技股份有限公司

SGS 瑞士通用公證集團成立於 1887 年，是全世界最大測試、認證與檢驗公證集團。目前在 140 多個國家擁有 1,000 個分公司及 340 個實驗室。台灣分公司服務範圍包含農產部、消費品檢測部等，提供的測試驗證範圍很廣，其中包含農產品、水產品等。

成立時間 / 民國 41 年

成立宗旨 / 協助廠商順利拓展外銷及提升品質，為台灣未來經濟發展貢獻心力。

網址 / www.tw.sgs.com

聯絡電話 /（02）2299-3939

網室豬

打造花蓮健康無毒豚

SPF豬達人——龔文俊

在十二生肖中，豬是日常生活中與我們最親近的動物。在中國字裡，從金文到楷書，寶蓋頭之下都是一個「豕」字，意味著無豬不成家。「豬肥家潤」往往成為平民百姓心底最平凡，卻也最踏實的祈願。

儘管現在家家戶戶不再養豬，豬肉仍是許多家庭最常見的蛋白質來源。但從民國86年爆發口蹄疫以來，似乎有關「豬」的新聞，總是以緊急跑馬燈出現的負面報導。許多消費者只能夠以「那幾天不買豬肉」的消極方式來因應。反觀「花蓮縣肉品運銷合作社」裡，卻有截然不同的風景，不僅生意未受影響，訂購電話讓工作人員接到手軟。這裡出產的網室豬、SPF 豬，何以能夠成為一塊消費者信賴安心的金字招牌？這一切得從一名獸醫師——龔文俊，投入養豬事業開始說起。

和剛從桃園開會回來的龔文俊，相約在花蓮玉里家中碰面，風塵僕僕的他遞給我一張「花蓮縣玉溪農會總幹事」名片。從獸醫師跨足畜產業，首創以網室養豬，到現在成為農會總幹事，帶領鄉親將在地農產品行銷到全台，龔文俊似乎註定一直扮演著火車頭的角色。

談起當初投入養豬事業的動機，龔文俊說：「你知道嗎？當獸醫時，我曾看過開放式豬舍裡的豬，不但飼料被外頭的野鴿子偷吃，而且不管是白豬或是黑豬，白天晚上，都是黑的！」——因為白天豬的身上停滿了蒼蠅，晚上則是吸血的蚊子！這樣環境養出來的豬，不僅常有傷口發炎，飼料也吃得比較兇，所以小豬必須在出生半年內施打 12~15 隻疫苗與抗生素，才能夠挺得過去。

龔文俊一開口描繪的景象，讓我驚覺豬的處境，原來是弱勢中弱勢。

從獸醫跨足畜產業，首創網室養豬，現任花蓮縣玉溪農會總幹事的龔文俊。

不僅大家都想在牠肥胖的身軀上咬一口，連其全心仰賴的主人都未能悉心保護牠。

『高規格SPF豬場』

身為獸醫的龔文俊，深知這樣瘋狂用藥下的豬肉大有問題，因而心中萌生了用不一樣方法養豬的念頭。「我曾經參觀一座養鹿場，主人告訴我，之前由於鹿被蒼蠅叮咬，得了破傷風，導致鹿茸產量少了一半，後來用紗網將鹿舍圍起來，情況大有改善。」這一個 idea，讓他聯想到同樣的方法應該也適用於養豬。

民國 82 年，龔文俊選擇在玉里一處人煙罕至的山腳下成立了「蓮貞牧場」，為豬寶寶布置全新的家。使用紗網阻絕蚊蠅、鳥類的侵襲，杜絕日本腦炎和赤痢病媒，並裝置電扇改良通風問題；豬舍四周有護城河，防貓、鼠、蛇帶進弓蟲病；同時引入大量山泉沖刷排泄物，且設置近 30 座化糞池，防止污染；成為當時政府輔導推動的第一批「SPF 無特定病原豬場」之一。只是他沒想到，其他同業悄悄退出，十多年之後，蓮貞牧場仍是現今全國唯一的 SPF 豬場。

乾淨白胖的網室豬，每一隻都是健康寶寶。

（上圖）豬舍裝設了很多大電扇，保持室內通風，四周以細紗網阻絕病媒。
（下圖）豬舍四周設立了護城河，防貓、鼠、蛇帶進弓蟲病；也引入大量山泉沖刷排泄物。

要堅持 SPF 的確不容易，除了要距離其他養豬場 5 公里之外，為了避免豬仔從母豬產道垂直感染疾病，全部採取剖腹生產，以及人工授乳。第二年才育成 8 隻初代 SPF 豬。豬隻運輸車也有規定，包括噸數、後車廂空間間隔，溫度需維持 25℃ 等，其他還有人員進出管制、消毒作業等。蓮貞牧場隔絕了 9 種病源，比日本的 SPF 豬場還多 2 種。

「或許是有一股傻勁吧！」龔文俊為自己的堅持與高標準做出解釋。他說，以 SPF 標準飼養對豬農來說，是很有利益的，可以提高飼料的使用率 10% 以上，減少醫療費用 80%以上，使豬隻每日增重 15%以上，但是只要有傳染病進來，損失就很大。龔文俊堅持自己的理念，「只要能嚴防病媒，就不必事後補救；就像現在如果能夠儘早做好豬場的輔導管理，就不用一天到晚忙著抓病死豬了。」

『品牌愈擦愈亮』

民國 86 年對龔文俊來說，既是五味雜陳、也是最關鍵性的一年。3 月份口蹄疫爆發，他的豬隻安全無恙，卻被動檢局逼打疫苗，他拿出農委會當初推廣 SPF 的公文和豬隻健康的證明，極力抗拒，大打公文戰，終使網室豬寶寶免於挨針。接下來的情節有如大逆轉般，他先是以網室豬的成果，獲得全國最高榮譽的神農獎；但更令他振奮的是，終於成功說服一幫有著相同

度過86年口蹄疫風暴，龔文俊網室豬得到神農獎最高榮譽，與同業攜手擴大生產規模。

屆滿10歲的網室豬，已經成功建立頂級豬肉的品牌形象。

熱情與創新想法的同業，建立 SPF 標準，擴大生產規模。隔年1月，「花蓮縣肉品運銷合作社」成立，共有18位會員，8月正式營運。龔文俊也在同一年獲頒全國十大農業專家，一條別人看不見的路硬是被他闖出來了!

從此，龔文俊的養豬事業愈走愈順，「網室豬」、「健康豬」與「SPF 豬」的招牌也愈擦愈亮，目前1年產值達到1億元以上，成績十分亮麗。龔文俊說，剛開始的行銷策略是倒金字塔式，主攻團膳市場，先求銷量穩定；後來有主婦聯盟會員的支持，加上媒體的報導，知道的人愈來愈多。打出品牌後，逐漸將市場調整為正金字塔。儘管比一般豬肉貴上3到5成，但是「重視健康的顧客不怕多花一點錢，只怕買不到。」龔文俊說。包括中信集團的辜濂松、藝人陳美鳳，都愛上網室豬肉甘甜彈牙的口感；樂雅樂更打出「花蓮健康豚」頂級豬排的名號吸引來客；還有5星級的國賓飯店也是長期客戶。

『期盼產業升級』

「在發展網室豬肉的過程中，你覺得最辛苦的是什麼？」面對這位花蓮無毒農業的先鋒，我忍不住好奇。龔文俊說：「是內心的孤獨感吧！」

其實雖然在過程中曾遇到專家學者的不看好，民意代表和其他養豬戶的非議，但是最大的挑戰在於一個人走在前面，沒有人理解的孤獨感——即使是現在，這份心理感受仍未消除。「從口蹄疫到現在已經 10 年了，台灣仍被日本列為疫區。口蹄疫之前，日本是台灣豬肉最大的外銷市場，這 10 年損失的產值至少有千億。如果整體的環境品質與作法不改善，沒有良性循環，很難有重返市場的機會。」

政府的腳步似乎總是慢了好幾拍，為了預防禽流感，今年終於補助農民豬（雞）舍加裝圍網防止鳥類入侵，但是所加裝的網洞非常大，只能防鳥類、不能防蚊蠅，而加裝細網者卻不能領取補助金，這種規定實在讓人啼笑皆非！儘管現在也有愈來愈多用心的同業，加入以健康方式養豬的行列，但是影響力還是太小。龔文俊希望，政府能夠在花東設立冷凍屠宰廠，紓解西部養豬戶過於密

1
2 3

圖1. 年節熱銷的紅麴香腸。圖2. 甚受烤肉族歡迎的黑胡椒里肌肉排。圖3. 網室豬肉鬆。

這裡的豬一點都不怕工作人員，還會親熱地湊過來鬧。

集的現況。在政策上協助建立健康、環保的現代化養豬場，才能使養豬產業永續經營，讓全台民眾都吃到安全的豬肉。

「投入優質畜產事業對你來說意義是什麼？」我看著牆上掛滿的獎狀與匾額問道。龔文俊不諱言地說：「養豬事業讓我名利雙收。」我特意在筆記本上將「名利雙收」用紅筆畫起來，我想，成功的人往往是勇於做別人不敢做的事情，因而創造對自己與他人都有貢獻的雙贏局面。現在，勇於突破，精於行銷整合且擁有良好人脈的龔文俊，成為全國最年輕的農會總幹事，繼續為在地農業拚搏，對於同樣有心開創新局的人來說，是一大鼓勵吧！

『造訪網室豬寶寶』

這次採訪過程很有趣的一點是，採訪完網室豬達人，另一個主角——網室豬才正式登場。合作社會員阿貴先生驅車帶我和攝影師前往牧場，從熱鬧的玉里市區足足開了 30 分鐘，才到達隱身在山腳下的蓮貞牧場。

牧場的位置隱蔽，環境清幽，直到走進才聞到淡淡的豬味。進入牧場前，我和攝影師皆需沐浴、更衣、換鞋與消毒，將自己徹底洗刷一番，堪稱是最慎重的一次採訪。阿貴說：「豬比人乾淨，人到處跑來跑去，接觸外界的環境，但是豬可都是乖乖的待在房子裡。」根據國外調查，SPF 豬場受到的感染有 52%是來自人員因素，證實其言不假。

整個牧場分成三大區塊，成長中的小豬、母豬以及種豬，中間皆有區隔。看到每五六隻小豬待在一區區個室裡，神情自在活潑。以前聽說，豬頸肉不能吃，因為那是打針的地方，有的豬打針打怕了，看到人都會叫、會躲。但是這裡的豬卻好像我養的小狗一樣，一起湊上來，用濕潤的鼻子猛聞我的手，有的還用黑白分明的眼睛盯著人，眼神充滿慧黠好奇，模樣令人憐愛。其實豬真的一點都不笨，主人對他的好都寫在牠的眼中裡。

（左圖）分區間隔的豬舍，避免豬隻互相推擠受傷。
（右圖）豬是非常聰明的動物，看到鏡頭，好奇的湊過來。

網室豬在水中快樂打滾的模樣非常逗人。

記得旅居瑞士的友人多明，曾在部落格發表一篇文章「快樂的肉，比較好吃」，引起極大的迴響。她寫道：

大約在 15 年前左右，瑞士曾經舉辦過一次相關的公投，主題是：唯有採取有機畜牧的農家，才具有領取政府補助金額的資格。公投結果是贊成；於是幾乎所有的瑞士農人，都順應民意改採有機畜牧，以更健康的方式養動物產牛奶、外加領取政府發放的補助金額，然後這些努力順理成章的反應在價格身上。

堅持買符合瑞士品質的肉的人很多，因為他們認為買這樣被殷切照顧、有著快樂一生的動物，比較人道。此外，吃這樣的肉，比較健康。再者，快樂且放輕鬆的肉，真的比較好吃！（原文出自 http://www.dominiquechen.com）

我想，對於以鐘錶、銀行聞名，且以精打細算著稱的瑞士人來說，確實認為這樣一舉三得的吃法才是真正划算！儘管要走向有機畜牧，台灣還有很長遠的路要走，但是我們若能夠以實際的消費行動做出選擇，主動創造市場需求，對於改善整個環境，絕對是一股不可小覷的力量。

網室豬

達人檔案

姓名 / 龔文俊

年齡 / 40 多歲

經歷 / 獸醫師、現任花蓮縣玉溪農會總幹事

商品 DATA

商品名稱 / 花蓮網室健康豬

售價 / 雪花腮肉 330 元（300g）、里肌肉片 120 元（300g）、鹹豬肉 220 元（300g）

認證標誌 / SPF 豬肉

網站 / 花蓮網室健康豬肉／蓮貞牧場
http://www.hlspfpork.com.tw

Facebook / 花蓮網室豬
https://zh-tw.facebook.com/278610352156642

購買方式 / 電話、網路訂購

地址 / 花蓮縣玉里鎮中山路一段 121 號

電話 /（03）8883501

食用方式 / 一般豬肉烹煮方式

SPF無特定病源豬場

「SPF」是 Specific Pathogen Free Pig 的縮寫，中譯為「無特定病源豬場」。須符合政府規定，沒有口蹄疫（FMD）、豬瘟（HC）、萎縮性鼻炎（AR）、黴漿菌肺炎（SEP）、假性狂犬病（PR）、嗜血桿菌胸膜肺炎（AP）、赤痢、弓蟲症、疥癬病等 9 種豬隻病原；且須由農委會、台灣動物科技研究所檢驗上面 9 種疾病的結果均為陰性，才符合國家現行「無特定病源豬場」疾病管制之規定。

天然醋

大地女兒陳釀生命的滋味

有機達人——徐蘭香

常聽人說，喝牛奶何必費事養一頭牛；但是有另外一種人，卻有完全不同的思維。他們選擇自己養牛，不但連牛喝的水、吃的草，都要親手汲取與栽種，並進而挺身捍衛水源和土地的潔淨無瑕。對他們來說，養牛這件事，不僅止於讓自己和別人喝到一杯營養的牛奶，更懷抱著一個具有深度意義的目標——讓整個生態環境都進入正面的循環，回復萬物永續生存的自然環境。

徐蘭香天然醋的創辦人——徐蘭香正是屬於後者。1992 年，沒有任何背景與奧援的她，隻身帶領新竹關西農民進行環保抗爭行動，史無前例的促使傾倒毒物的農藥廠關閉、違法高球場停建，因而贏得了環保女鬥士的美譽。打過艱辛的一役，她在台東闢建了「打碗花農場」，選擇另一種長期護土養生的方式——釀醋。從躬身從事與鼓勵契作農民實施有機栽種，以及採野菌釀造的過程中，使土地與農村恢復純淨，食品釀製從工業回歸農業本質，同時也讓尋求健康的人，得到真正的營養。這正是多年來，徐蘭香天然醋贏得眾多消費者喜愛與敬重的原因。

近十年來，「柴、米、油、鹽、醬、醋、茶」裡原本最受忽略的「醋」，一躍成為健康養生的寵兒。逛有機商店時，經常可以看到陳列架上琳瑯滿目的健康醋，其中「徐蘭香的醋」總是靜靜地陳列一隅。瓶身上一個短髮女子對著醋缸聞香的剪影，十分吸引我，那低眉俯身的謙卑姿態，流露一種對眼前事物的敬重與眷愛，總是喚起我沉釀於身體裡的情感。

徐蘭香天然醋引純淨的水、米、水果釀製的醋，有著大地的滋味。種類繁多，醋瓶捨棄美麗卻不環保的霧狀玻璃，而採用透明瓶。

『打碗花農場 山與海的自然樂章』

車子沿著花東海岸公路來到台東都蘭，循著山路抵達隱身於山林之間的打碗花農場。寬闊的廣場中，只見一小塊甘蔗田以及一幢新砌的紅磚倉房，走到陽台就可以眺望湛藍的太平洋。這裡是徐蘭香釀醋的基地，森林與海洋正合力放送著清新芬芳的氣息。

徐蘭香引我們來到屋內，蔭涼的地氣瞬間驅散了暑熱。「要不要喝醋？」一坐下，她發現我們滿頭大汗，隨即以醋代茶招呼我們。我一口飲盡琥珀色的梅子醋飲，一股酸溜溜的味道，從嘴裡竄入喉嚨。哇！這醋和一般市面上酸酸甜甜的味道不一樣！

「我這醋完全沒有加糖，喝起來還習慣嗎？很多醋都是加入糖精釀造的，喝了對身體反而不好。」徐蘭香解釋著。她正是醋瓶上的短髮女子，樸實無華的衣著，鏗鏘爽朗的語調，臉色被陽光曬得健康紅潤，身上散發著一股堅毅卻讓人安心的氣息，讓我大大的鬆了一口氣。

約訪徐蘭香時，或許是怕草率不實的報導會誤導了讀者，所以包括我的書寫動機以及採訪名單，她皆詳細「盤問」了一翻。有趣的是，儘管尚未答應受訪，她卻每次都在電話裡，花上 30、40 分鐘對我灌輸有機農業的正確觀念。我因此猜想，她是個「刀子口、豆腐心」的人，在剛烈率直的性情中，有著一顆熱情敏感的心！

1
2 3

圖1. 打碗花農場新砌的紅磚倉樓。圖 2. 農場裡的甘蔗田。圖3. 打碗花是客家話中的百合花，從農場可以眺望太平洋。

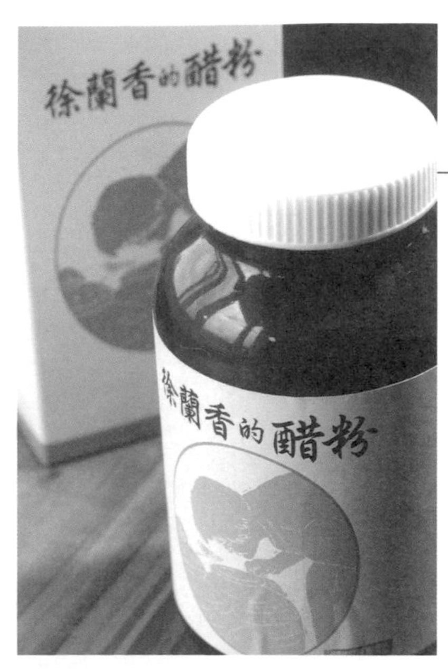

（上圖）富含纖維與維生素B的醋粉，口味十分溫和。
（下圖）以新鮮梅子精煉而成的煉梅，深具潤喉效果。

『珠璣語錄 深入有機靈魂』

看到我們真的從台北殺過來，徐蘭香興致很高，但她並不多談與醋有關的話題，一開口就直陳她最關心的環境議題。

「進步？！進步的定義到底是什麼？現代人努力追錢，但是當錢到手的時候，往往幸福卻已經遠離！一般人沒有想過，只要維持好的環境，環境是可以變現的，那時候人不必追錢，反而被錢追！」

「慣行農法盛行的年代，農委會是藥頭，農會是毒販，農民就是吸毒者；但是 21 世紀是綠金產業的年代，只有自助、自覺，停止使用農藥與化肥，未來才是升斗小農出頭的時代，不再屬於財團與政客。」

「食品加工是白色產業，可以幫助綠色（農業）產業和藍色（海洋）產業延長保存期限，增加附加價值。但是一般食品加工都添加了防腐劑。

天然釀造的方式是將食品回歸農業化，讓食品與化學工業徹底脫鉤，吃到真正的營養，得到健康。」

「食物為什麼要在鍋子裡料理呢？應該在田裡面就開始料理才對，自然健康的原味，比什麼高超的廚藝都還好吃。」

「古早的農業技術與農林文化，必須依附於健康的土地，一塊健康土地可以乘載千萬人的健康。如果想要養生，卻不護土，那麼健康只不過是海市蜃樓！」

「多一個農村，就少一間醫院。其實人吃藥就像土地在吃化學肥料一樣，如果平常多吃自然健康的食物，就不需要醫院的存在。」

「花東是天險之國，是上帝賜給的福地，一旦開路，帶來的不是財富，而是毀滅。」

「現在的人雖有正義感，卻缺少正義膽，實際行動太少！」

不等我提出問題，徐蘭香就接連的說出一連串有機主張，面對這位環保運動前輩，我決定暫時放下設定的問題，用心聆聽以挖掘寶藏。果然，她接著說：「上次有一家有機商店請我去演講，只要我談醋，不准我談環

徐蘭香親手自製的辣椒粉。

徐蘭香釀醋是為了護土養生。

保議題，實在很可惡。」因為對她來說，「所謂『有機』，絕不僅止於吃了什麼東西，應該是建築在對所有公共事務的關心上，唯有這樣，有機才不會從商機變成投機，才能觸及真正有機的靈魂。」徐蘭香語重心長地說。

『古法釀造 「光復」純淨土地』

有人說，從事有機的人都有些偏執。的確，若不是有著異於常人的毅力與決心，很難將小小種子，培育成一片花園。就像徐蘭香，為了以釀醋來實踐養生護土的夢想，她所走的路比一般人都更長更遠。

徐蘭香說，釀造不是只有發酵，在釀造的過程中，要邀請很多大自然的朋友一起加入創作，比如說，土地裡的微生物、落葉、雜草、蚯蚓，可以促使土地活化，種植出好的作物。採收之後，才到農場裡去加工，再放進缸子裡儲藏，經過一年的熟成，歷經春分、夏至、白露、霜降的洗禮，才完成釀造。

現在大部分的人都只談在缸子裡的事情，把釀造看得太簡單了。「真正的古法釀造，是從維持土地安全、植物生長、到釀造保存的整體工程，它是一個連貫的工事。自然界的光、熱、水、土四個面向，都不可缺少。」

所以，為了尋找乾淨的水土，徐蘭香從西部搬到東部，因為低度開發的都蘭山，擁有釀醋所需的純淨水質與農地。為確保原料不受到化學污染，她除了親手種米，收穫有機糙米外；同時邀請農民到家裡來觀賞「亞馬遜戰士」紀錄片；藉由巴西原住民保護雨林的例子，讓農民了解維護家鄉土地的意義與重要性，進而說服農民全程採取有機栽作，並適時提供有機肥料與技術支援。

徐蘭香打著三贏的如意算盤，「水稻是台灣的主要糧食，如果進行成功，就可以將土地一塊塊地『收復』回來。也只有這樣，農民才可能同時累積健康與財富，在 WTO 叩關的壓力下，台灣的農村才能找到出路。」

『醋渣有機肥 熟成之日蝶舞蜂飛』

除了釀醋、種田，徐蘭香也親手製作肥料。她用醋的粗渣作為菌母，加入從菜市場撿拾來的水果、爛葉，以及田間雜草、落葉，累積成堆後，菌母和溫度的作用，吸引了微生物而讓其發酵，再加上反覆地攪拌、翻

徐蘭香種的有機稻子已開始抽穗。

徐蘭香說，倉儲設備是有機農業很重要的一環，圖為儲藏地下室。

堆，就成了肥沃的有機肥。為了不讓農民繼續使用慣用的化學農藥，她教農民以苦茶粉泡水來除掉福壽螺；摘取毒魚藤讓蟲暫時麻痺後自然餓死；還有菸葉浸泡後，也能驅菌趕蟲。

徐蘭香說，大自然真的很奇妙，早就設定好每個生物的剋星，萬事萬物自有安排，但是人類的自作聰明，卻往往破壞了自然的律動與法則。以古法釀造來說，就一定得使用無農藥、化肥、除草劑的原料，才能讓取自白麴、野桐的自然菌種附著生長，進而細胞繁衍形成發酵體系。「當開封時，引來蝴蝶、蜜蜂與甲蟲飛舞的畫面，就像是一場大自然的慶祝祭典，一切都是渾然天成。」

『一身熱血 吸引消費者變義工』

儘管也曾遭遇契作農民不按照約定、偷偷使用農藥的情形，但都逃不過徐蘭香的「法眼」。可喜的是，這些年她確實感覺到有心恢復有機耕作的農民，比以前多了。徐蘭香眼睛閃著光芒說：「最近在台東發現一位種梅的老農，我看見他的梅園裡，老欉的枝幹幾乎比人的腰圍還粗，枝葉間的蜘蛛網在陽光下閃閃發亮，草叢裡有穿山甲，還聞得到空氣裡有狐狸和飛鼠的氣味。我知道這個農夫是絕對不噴農藥的。」從小在桃園農村長大的她，憑著靈敏直覺，完全不需要依賴機器驗證，即能分辨出什麼樣是最自然的環境。

十多年來，認同徐蘭香理念的人也愈來愈多。打碗花農場歡迎消費者參訪，農場的許多義工，都是先從喝醋開始，進而認同「養生護土」的觀念。一位在台東市區從事美容業的大姐說：「一開始我也覺得蘭香好像很偏激，一談起環保問題就義憤填膺，但看到她所做的一切，我才知道保護環境已經刻不容緩。有時我發現她壓力太大，太過緊繃，會過來幫她按摩放鬆；我希望退休後，能夠來農場當全職的義工，賺到生活也賺到健康。」

『一雙巧手 傳承農家生活智慧』

「嘿，不要光談醋，看看我新釀製的柚子茶和醬油，這是外面看不到的哦。」徐蘭香像小孩一樣的興奮，從地下室搬出了壓箱寶「柚子茶」。原來，她看到去年柚子價格跌得很低，許多農民都乾脆放棄不採收，所以他想起傳統農家製作柚子茶的方式，嘗試製作，心想或許可以為這些乏人問津的農產品創造新的出路。

猶如藝術品的柚子茶。

徐蘭香野菌種釀醋，熟成時
吸引蝶飛蜂舞。

徐蘭香說：「有個德國人想跟我買這些柚子茶，但是由於製作手工繁複，成本高，產量又少，所以我還沒答應。」我看著盛放在白色磁碟上，烏金飽滿的茶柚子，經過歲月的精釀細細抹上深沉華麗的光澤，好像一件珍貴的古董。不得不讚嘆，徐蘭香確實有一雙千金不換的巧手，看似平凡無奇的事物只要經過她的手，彷彿就能點石成金。在簡單素樸的形式中，有一種圓滿與富足的味道，我想那正是智慧與歲月的沉澱，才能創作出來的作品。

『童年往事 比佐賀阿嬤更精采』

「其實這些東西也沒有特別去學，都是小時候看大人做，有個大

（上圖）將茶葉塞進柚子中，製成純天然柚子茶。
（下圖）徐蘭香遵循傳統農家古法製作的柚子茶現在極為罕見。

概的印象，然後試著做做看。」徐蘭香說，她自幼與大自然為伍，農事之餘都在溼地與同伴、野鴨、魚兒、青娃嬉戲。小時候，她看到姑姑們在溪畔洗髮，用揉碎的牽牛花和葉子，當成洗髮精，當長長的秀髮在溪裡飄動，小蝦子卻誤以為姑姑的長髮是水草，一頭鑽進她的髮中，這幅美麗的景象至今還烙印在她的心中。

而從小看牛就是她的工作，每天都要到田埂上割「牛草」餵牛。在割草的同時，她會在水田邊的農路上，插種一些小葉紫花的仙草，等仙草老熟快開花就割下來，邊看牛邊曬草。等夕陽西下，牽牛回農舍，也把曬得快乾的仙草帶回家，交給媽媽做「仙草」，到時候就有美味清涼的仙草凍可以吃了。

徐蘭香也還記得過年前家家戶戶都要醃鹹菜，在晴朗有陽光的日子，爸爸會挖個坑，將鹹菜灑上粗鹽放進去，然後把小孩子趕進坑裡，就在孩子玩耍跑跳腳踩的過程中，一層層的鹹菜也完成了初步醃製的手續。這些點點滴滴的寶貴回憶，成為日後她取之不盡的寶庫。

我忽然覺得眼前的徐蘭香，就像一尊釀醋的大陶甕，看起來平凡

醋的陶甕，樸拙外表下蘊藏著先民智慧。

樸質，裡頭卻盛載了幾千年來傳統農家的生活與智慧。藉著釀取開封的過程，曾經被我們輕易丟失的東西，又被重新喚醒拾起，成為最貼近生活的寶法。說到這裡，徐蘭香忽然問我：「有看過『佐賀的超級阿嬤』」嗎？我不懂這本書為什麼會這麼暢銷？」我想，這是因為她的童年故事至今仍然在她腦海中活靈活現地搬演，自然比書中別人的經驗還要精彩的緣故吧！

『一身義膽 呼籲政府重視農業』

最後，徐蘭香驅車帶我們到她的稻田去，一路上，她細說著都蘭山環境改變的情況。有人在山上違法開發，蓋起了房子；但也有有心的朋友買下了一塊地，目的是為了防堵任意開路。未來她最想做的事是成立「種子銀行」，因為有機農業必須從種子開始；她更要以實際的行動喚起政府重視農業水權，和停止休耕補助鼓勵農民「廢耕」的政策。

稻田裡的白鷺鷥驚飛而起。

「你知道台灣的水資源都優先給了工業嗎？廢耕不但使農民失去了工作權，許多百年圳渠更因為休耕缺水而崩裂毀壞。老祖先的生活科學與智慧不見之後，下一步消逝的恐怕就是農村了！」徐蘭香的表情從激動轉為黯然。

今年東部極度缺水，稻田灌溉池中水量不多。

抵達位於山腰上的田間，一片開闊翠綠的景象令人陶醉。徐蘭香看著遠方的太平洋說，從事有機釀製以來，其實最難掌控的就是天氣，以台東來說，從去年冬天到今年初夏，已經 200 多天沒有下雨了，還吹起了焚風，一度讓她為今年的收成感到極為憂慮。不過沒想到，這陣子不去管它，情況反而沒有想像中來得嚴重；她指著稻田說：「老天還是對我不錯的，你看，稻子都已經開始抽芽了！」忽然停在田間的白鷺鷥受到驚擾而飛起，攝影師趁機取得了今天最後一個鏡頭。我想，或許如同徐蘭香說的，萬事萬物老天自有安排，在酸澀苦儉過後，必定有著回甘的滋味。

註：本文除訪談徐蘭香女士外，部份內容取自打碗花網站。

天然醋

達人檔案

姓名 / 徐蘭香

年齡 / 50 多歲

經歷 / 新竹關西農藥廠與高球場環保抗爭

商品 DATA

商品名稱 / 天然釀造醋、醋粉、煉梅、酵素

售價 / 天然釀造醋 580~1300 元、醋粉 1100 元、煉梅 780 元、酵素（ 1100~1550 元）

網址 / www.goz.com.tw（打碗花農場）

購買方式 / 網路或電話訂購

地址 / 台東縣東河鄉都蘭村 42 鄰 431-2 號

電話 / （089）530-484

食用方式 / 醋 30cc加 150cc的冷開水稀釋，於飯後飲用

三泰有機茶

天地自然賜予的芳甘津液

有機達人——林文德

台灣人愛喝茶，儘管目前台灣茶葉 2 萬公噸的年產量，比起外銷興盛的年代少得多，但是個人茶葉的平均消費金額卻高居世界第一。不論是競標冠軍茶，或是喝數千元一兩的高山茶，皆被視為品味的象徵。然而在追求喉韻醇厚、清洌芳香的同時，茶葉的農藥殘留問題卻並未受到相對的重視。目前只有少數茶農投入有機栽種，種植面積約80公頃，比例僅佔全台茶區的 0.4%。

位於宜蘭冬山鄉的林文德，是第二代茶園子弟，原本無心從事茶務的他，繞了一圈，終究選擇回到自己的土地上，從事有機茶作。從玩票實驗到全心投入，三泰有機綠茶和烏龍茶作出了口碑，得到肯定；現在他更希望分享有機經驗，並推動建立生產履歷、ISO9001 等現代化管理，讓農業經營走向企業化，展現新風貌。

穿過雪山隧道，來到冬山河的故鄉——宜蘭冬山鄉。此地渾圓起伏的山丘地形，孕育出茶、米和柚子等作物。冬山鄉種茶的歷史起始於日據時代，由於沙質土壤適合種茶，日本人從唐山請來老師傅傳授製茶技術，鼓勵栽種；在外銷全盛時期種茶人口曾佔全鄉 70%。從小家中種茶也種稻的林文德說：「那時茶葉大多外銷日本，我是 6 歲拔草、7 歲割稻，8 歲就會插秧，農忙季節尤其辛苦。」戴著金邊眼鏡的林文德，對兒時務農的經驗記憶猶新。

『評估有機效益 引發興趣』

小時候怕做農，林文德長大後選擇了嘉義農業技術學院農場管理科，畢業即進入金車生物科技公司工作，雖然是白領上班族，但還是跟農業脫不了關係。林文德說，調到生物研發科後，公司有意投入有機農業，進行相關研究評估。雖然後來公司認為有機栽種不適合由企業發展，不過有機的概念已經引起了他的興趣，小小的種子開始在心中萌芽。

林文德正式投入茶葉有機栽種，是受到大學同學的影響，當時有位同學栽種有機水果，成果很不錯。後來，他到 MOA 國際美育自然生態基金會上課，日本講師提出「看大自然怎麼栽培，就這麼栽培」的理念，打動了他。心想，「山上的大樹從不灑農藥，還不是長得那麼粗壯！」而茶是矮性灌木，從修剪到採收只有短短的 45~55 天，採行有機栽種應該十分可行。

於是林文德決定放手一試。由於家中在山上、平地各有茶園，於是他向父親提議將山上茶園交由他管理。「當時父親看到我竟然轉性想種茶，很快就答應了。」

林文德與雙親皆一同投入有機茶作的行列。

『種茶南山下 草盛茶苗稀』

於是從 86 年開始，林文德利用下班之餘的時間，進行有機茶的種植。林文德說，第一年採用放任式管理，那時的景況只能用「種茶南山下，草盛茶苗稀」來形容，最後收成製茶，做出來的茶，茶骨極多，品質十分粗劣，一斤只能賣 80 元，拿給朋友試飲也被嫌棄。但是有幾位法鼓山的師兄、師姐來家中作客，林文德將茶葉分贈送給他們，這群朋友不但不嫌茶的品質不好，還鼓勵他繼續堅持，讓他十分感動。

有機栽培的第二年，產量還可以，到了第三年，成果卻讓林文德沮喪得幾乎放棄。後來他忙著結婚，茶園的事暫時放在一旁。想不到在隔年春

茶樹與雜草共生。

1 2
3

圖1. 健康的土壤是呈現的團粒結構。圖2. 有機茶的第一泡茶茶色較為混濁，卻無農藥殘留疑慮。圖3. 欣欣向榮的三泰有機茶園。

天，疏於管理的茶園反而欣欣向榮！他終於明白，前三年是酸化土質的療癒期，等土壤健康、生態平衡了，茶園的生機也自然出現，終於有穩定的產量與品質可以採收上市，也順利獲得 MOA 有機認證。

『留養植林　飛鳥訢鼠居』

有了在山上的有機實戰經驗，林文德回到平地種茶，先經過一年休耕，之後的過程就順利多了。我隨著他到茶園裡，寬廣而獨立的園區，一片綠油油，前方還有整片樟樹林，環境舒目宜人。林文德說，有機其實就是順應自然的栽培管理方式，讓園內的動植物生態維持豐富活潑，就能達到平衡的作用。例如他特意留養一小塊茶樹，讓蟲蟲痛快吃個夠，不要趕盡殺絕；對於雜草，也保留蟲子喜愛的闊葉雜草，纖維較硬的茶葉就不那麼受歡迎了；前方的樟樹林也是他親手栽植的，不但有阻絕圍籬作用，也提供鳥類棲息的處所，樹林裡的鳥不時會飛到茶園找蟲吃，解決了部份蟲害問題。

在肥料方面，由於鄰近有農民提供廢棄的豌豆苗和花生殼，含有豐富的胺基酸，混合稻穀後，不但提供很好的養分也抑制了雜草生長的速度；一方面他也為樹根補充發酵的黑糖

（上圖）茶園適時保留闊葉雜草，提供蟲蟲食物來源，可減少茶葉損傷。

（下圖）林文德於數年前種植的樹苗，已經變成一片樟樹林，可以供鳥類棲息。也可以當作綠籬，有阻隔化學物質的作用。

（右圖）茶園間鋪上米糠、稻穀，可以看到訢鼠。

（左圖）鋪上花生殼不但有提供養分，也可抑制雜草生長。

液。此外，很重要的步驟就是定時進行深度的台刈修剪，修剪下來的枝葉落葉歸根，就是最好的綠肥。平常他也不隨便翻土，因為茶園裡已經吸引訢鼠、蚯蚓安居，這群貴客會自動鑽洞鬆土，如果有過多的人為干擾，牠們住得不舒服，恐怕就會搬家了。

林文德說，從事有機種植一開始遭遇到的困難，其實是來自左鄰右舍的負面聲音，不過隨著時間調整心態，漸漸能夠平常心對待，不再在意別人的眼光，心裡愈來愈踏實。但是當有機栽種技術層面解決之後，行銷才是終極的考驗。

『建立自有品牌 走入行銷』

身為農家第二代子弟，林文德對於傳統農民「戴著斗笠，透早做到晚」，不知道外面世界變化，辛苦工作卻只能溫飽的普遍情況，有著很大的感觸。因此從產量穩定之後，他即有計畫地建立自己的品牌，積極尋求各種行銷管道。主要的策略包括：

在產品方面，除了市場主流的烏龍茶外，也製作有機綠茶；因為綠茶含有豐富的兒茶素，養生效果日漸受到肯定，年輕族群對綠茶的接受度也愈來愈高。

廢棄的豌豆苗含有豐富的胺基酸，是絕佳的天然綠肥。

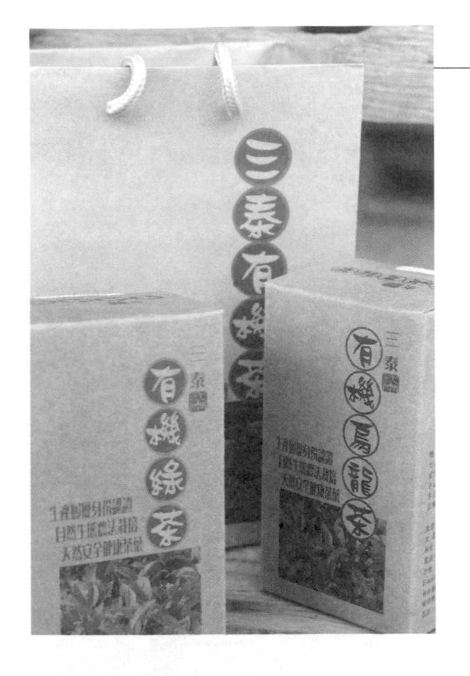

捨棄茶葉罐使用環保再生紙的包裝。

在品牌方面，統一使用農場名稱——「三泰」，取天、地、人三者揉合，泰然祥和的意象，符合有機栽培的精神與形象。

在包裝方面，他捨棄傳統的茶葉罐，改用環保的牛皮再生紙，樸實的大地色系，贏得崇尚自然健康族群的認同。

在食品安全方面，除了 MOA 認證之外，一開始就導入了生產履歷身分認證、四維追溯條碼等，讓消費者可以充分安心信任。

將茶葉依品質分級，圖為大包裝茶。

林文德在農務之餘，也會協助農友解決有機栽種或是認證申請的問題。他衷心期盼台灣的農業能夠走出自己的路。

林文德說：「離開金車之後，我曾經從事一年保險業務的工作，學到的行銷技巧對於賣茶很管用。」例如他將茶葉和客戶都分為 6 級，然後把適合的產品推薦給客戶。公司行號要送禮，對象是頂級客戶就推薦其採購 A 級茶葉；若是預算有限，就建議改送茶包禮盒。

此外，他也捨棄傳統的店面銷售方式，因為「一人走百步，不如百人走一步來得輕鬆。」在有機商店上架、宅配、網路、信用卡積點贈品，到各地農會或縣政府參展、異業商店（食品、蜜餞行）寄賣、供應生技公司原物料等，想盡辦法拓展通路。林文德說：「做茶是學徒，賣茶才是師傅，而能夠賺到錢才是真正的大師。」

林文德說，從事有機茶作以來，他深深體認到「土地是自己的，地球卻是大家的」，如何在不破壞環境的原則下，使農業永續經營下去，「實施有機」正是最好的答案。因為做茶本是看老天吃飯，所以生態、生活、生產、生命是息息相關的，四大領域結合在一起，萬物才能生生不息。

因此，儘管目前台灣高山茶是主流，可以賣到很好的價錢，但種植高山茶卻可能對水土環境造成破壞，他

茶樹子可榨成苦茶油。

是絕對不考慮的。現在農務之餘，他也擔任宜蘭區的生產履歷輔導員、CAS 採樣員，以及農產品 ISO9001 認證的稽核員，協助農友解決有機栽種或是認證申請的問題。他衷心希望農業能夠恢復最原始自然的栽培方法，而在產品品質和行銷方面走向現代化標準，唯有如此，台灣的農業才能夠走出自己的路。

（上圖）除了茶葉，也有苦茶油產品。
（下圖）茶園中也種植了蔥。

三泰有機茶

達人檔案

姓名 / 林文德

年齡 / 30 多歲

經歷 / 金車生物科技生管科組長、冬山鄉茶葉產銷班第 7 班班長、生產履歷宜蘭區輔導員、宜蘭區 CAS 採樣員。

商品 DATA

商品名稱 / 有機綠茶、有機烏龍茶、有機茶包

售價 / 有機綠茶 400 元（150g）、有機茶包 300 元（24包）

銷售方式 / 有機園地、電話、網路訂購

網站 / 三泰有機農場
http://store.pchome.com.tw/ilanfa

地址 / 宜蘭縣冬山鄉大進村進偉路192號

電 話 /（03）951-9683

食用方式 / 沖泡綠茶水溫不宜太高，約 85~90℃即可

用冷泡法（沖泡冰鎮 12 小時）風味更佳

MOA 國際美育自然生態基金會

國內有機農業的四大民間驗證團體之一

成立時間 / 民國 79 年 4 月 27 日

成立宗旨 / 採用日本 MOA 自然農法為規範，依據大自然之法則，以尊重土壤為基本，維護生態體系，以達到人類及所有生命體的調和繁榮之基本理念。

聯絡電話/（02）2781-4164

日月老茶廠

當佛法遇上阿薩姆

有機達人——莊惠宜

在南投日月潭附近的台 21 公路旁，起伏的山坡，隱身著一片綠色茶園及一座老茶廠，這些年吸引了許多人到訪。有些是住在城市裡的愛茶人，他們往往是先被精巧的茶葉罐所吸引，繼而戀上了果香馥郁的滋味；也有公司、學校或社會的團體，因傾慕於茶園有機護生的理念，走進這片充滿自然與人文氣息的感性空間，而深深驚豔、感動。

隸屬於台灣農林公司的日月老茶廠，在前董事長夫人莊惠宜的帶領下，實施有機栽作。不僅重新打響了台灣阿薩姆紅茶的名號，園中來自於印度的阿薩姆茶種，更有如佛法牽引一般，成為一個守護億萬個生命的有機生態教育園地。當佛法遇上阿薩姆，成就了一樁奇妙的因緣際會。

來到日月老茶廠，不妨先走進廁所。

整個園區，有許多意境動人的角落，茶園中閒話家常的採茶婦女；清幽雅致的綠竹圍籬；如時光迴廊的茶廠空間；不過，以「廁所」為起點，卻是一個不錯的開端。這座由老倉庫改建的廁所，清爽、宜人，帶點禪意。特別的是，進廁所前必須換上專用脫鞋，在穿脫之際，使人自然地轉換一種敬重的心情——敬重使用者，敬重清潔的人，敬重水資源，也敬重這個人人需要的空間。當洗手、攬鏡，關緊水龍頭，「用心」上完廁所後，整個人好像也「放下」了一些東西。

「用心」與「放下」，正是參觀日月老茶廠最好的準備，因為這裡不只製茶與賣茶，還是一個生命教育的園地，若是能夠放下既有的觀念、用心感受，從上廁所到喝一口茶，都可能體察一種全然不同的生命價值觀。

『有機栽種 阿薩姆茶園』

站在日月老茶廠新栽植的幼木茶園，我混在「雲林福智學園」的國三學生中，仔細聆聽導覽解說。穿著紅衣、紅帽的廠長吳森林指著茶樹，以宏亮的聲音說：「我為什麼要穿紅色，因為我們種的是紅茶，這裡的土壤屬於日月潭系灰紅黃黏壤土，高溫多雨，很適合印度阿薩姆的大葉茶種的生長……茶樹旁邊種植的是蔓花生，它是很好的綠肥與覆蓋植物，可以提供氮肥以及保持水土……」

茶園旁也間種玉米、芋頭等作物，「整個園區都是不噴農藥和化肥的，包括這些蔬菜，如果噴『好年冬』來除草的話，藥效可以維持1年，但是一般地瓜的生長期是6個月、玉米更只要3個月就可以採收，所以殘留的藥劑都會

1
2 3

圖1. 因為種的是紅茶，廠長吳森林自行設計一身紅衣紅帽擔任導覽工作，非常用心。圖2. 印度和台灣本地培植出的台灣阿薩姆大葉茶種。圖3. 樸素的裝扮，莊惠宜沒有老闆娘的架子。

吃到肚子裡，對身體很不好……」

紮著頭巾、身穿大地色系 T 恤的莊惠宜，在一旁微笑聆聽，素淨裝扮的她臉上散發一種寧靜祥和的氣質。只要有大型團體進來，她幾乎都會從台北下來親自帶一段導覽。對於一家上市公司的老闆娘來說，當台北的名媛貴婦忙著出席各種社交派對，她的選擇格外與眾不同。

『靜置萎凋 啟動有機機制』

這裡的氣氛很像一個大家庭，老闆和員工不分職位彼此支援。導覽義工曾詩璇小姐帶大家往茶廠內部移動。一排排古老的揉捻機，散發出濃烈的發酵香味。步上二樓，重新整建後的廠區一分為二，一邊是身心靈樂活

曾詩璇小姐解說茶葉萎凋過程，學生聚精會神聆聽。

體驗區，開放簡潔的空間裡，提供有機健康蔬食以及團體住宿；另一邊的茶菁萎凋區，仍然保留著昔日茶廠的模樣。一大片茶葉靜置於此，進行著揮發水分、產生獨特的香氣的「萎凋」過程。

曾小姐指著茶葉說：「昨天採收過的茶葉要在這裡『睡』上 15 個小時，這段時間茶葉會開始啟動有機機制，聰明的蟲蟲收到逃命訊息、奔相走告，躲在茶葉裡的螞蟻、蚱蜢就會從前面這排大窗戶逃生；到了第二天，茶葉上乾乾淨淨，沒有任何蟲子，就可以開始製茶了。」同學們都睜大眼睛，聽得興味盎然。

我發現，她將茶葉萎凋程序生動地詮釋為「蟲蟲逃生時間」，活潑有力的傳遞了茶園裡對所有生命一視同仁的思維，比起一般單純的製茶流程介紹，更能夠引發聽者對生態的尊重與關心。

『日月紅茶 曾名列世界四大紅茶』

步下一樓，走進放映室，大家先喝杯紅茶、稍作歇息，然後開始放映影片。

整個影片內容可以分為三個部分：第一個部分是台灣茶業和日月老茶廠的歷史；第二部分是走向有機護生的春天；第三部分是環境生態教育。

銀幕上一張茶廠女工忙碌工作的黑白老照片，喚回了老茶廠的風光歲月。百年前，由於緯度、溼度和海拔高度與印度產區相似，日本人帶來阿薩姆茶種與本地的大葉種茶葉一起培育，自此南投魚池鄉成為台灣阿薩姆紅茶的故鄉。由於日月紅茶顏色紅豔、味道醇厚，又帶有特殊果香，甚

興建於民國48年的日月老茶廠，保留結構整修後，更見風采。

（上圖）日據時代留下來的揉捻機，至今仍堅守崗位。
（下圖）二樓蔬食用餐區，簡潔典雅，充滿樂活精神。

受外銷市場歡迎；還曾以「台灣香」（Formosa Black Tea）之名，在倫敦茶葉拍賣會上，與祈門紅茶、錫蘭紅茶及大吉嶺紅茶並列世界四大紅茶。極盛時期，有兩三百個員工三班制日夜趕工，甚至早期的立頓紅茶，也是在這裡加工製成。

然而由於 70 年代政策的錯誤，加上生產成本高漲，以致失去了市場競爭力，台灣茶業外銷風光不再。後來，基於成本考量，台灣農林公司將茶園出租給當地農民契作，採收之後，再由茶廠買回製茶、行銷。不過，因檳榔價格翻紅飆漲，許多農民紛紛在茶園種起了檳榔，茶山逐漸被檳榔海給掩蓋，只剩下茶廠裡隆隆作響的製茶機器，仍堅守著崗位。

『有機護生 找回老茶廠春天』

影片的第二部分進入了 4 年前，誠心禮佛的莊惠宜決定以有機護生的理念，賦予老茶廠新的使命。銀幕上出現了一幕幕茶園和茶廠重建過程。民國 92 年 1 月，茶園全面停止用藥，休耕、間作，並開始堆肥和種植綠肥植物。3 月，忍痛拔起鄰近廠房 0.4 公頃的老茶樹，試種 3 年後才能採收的有機茶苗，並參加慈心驗證課程。

93 年春天，屹立半世紀的茶廠廠房進行重整，保留整體結構，善加利用舊資源，將原有的萎凋槽座木材，變身為空間隔板；修復破損的窗櫺；刨除柏油路面，鋪上枕木和草皮，讓溫柔大地呼吸。11 月，通過慈心基金會驗證為有機農業轉型期，成為台灣第一個通過驗證的阿薩姆茶園。

94 年又陸續從農民手中收回更多的茶園，大家帶著安全帽、穿著雨衣，一口氣砍下了 2 公頃的檳榔樹，改種茶苗，將茶園從一片檳榔海中光復。自此老茶廠從單純的生產，成為兼具紅茶生產、有機農業、推廣生態與生命教育與樂活蔬食的園地。銀幕上一張茶園裡奔跑的小野兔，為老茶廠遲來的春天做了最好的見證。

影片的第三部分，則提出了目前最迫切的地球暖化問題，突顯在地球村裡，每個人都在同一條船上，當為地球盡一份心力。從恢復一塊土地的生機為起點，建立正面的生態循環，在地種植、在地食用，縮短食物運送里程等作法，都有助於面對問題，提醒參觀者從自己的生活中做起。

整部影片最後在感性的音樂和動人的影像中結束。黑暗中，沒有人交談，同學們似乎都深深被打動，並反芻著影片中提出的問題。

2 3

圖1. 茶廠裡展示的老茶葉罐。圖2. 茶園與鄰近的檳榔園成了強烈的對比。圖3. 茶園前的露天茶座風光宜人。

日月老茶廠內部窗明几淨，用心經營每一個空間角落。

『隨順因緣 從學佛到護生』

燈亮之後，莊惠宜現身登場了，面對著一張張年輕誠摯的臉孔，她毫無保留的剖悉自己的心路歷程，作為生命教育的教材。

莊惠宜說：「其實每個人的因緣不同，我只是隨順因緣而已。」個性低調，從不參與家族事業的她，生活原本極為單純，平日生活以照顧先生與侍奉婆婆為重心，直到姐姐為她報名日常法師弘揚佛法的「廣論」課程，才讓她的世界有了轉變。

莊惠宜尊仰的日常法師，除了是位弘揚佛法的高僧，也是台灣推廣有機農業的先鋒。當年他看到台灣農業長期使用農藥、化肥，對人體和無辜眾生造成傷害，因而創辦了慈心有機農業基金會與里仁公司，許多信眾成為驗證志工，也親身實踐有機農作，影響十分深遠。

莊惠宜說：「在參加禮佛法會的過程中，我看到法會中使用的酥油茶，產生了供養『紅茶』的念頭，而且心想若是不含農藥的有機紅茶就更好了。」其實，當時她並不了解夫家的事業正好有一座紅茶園，然而人生的因緣確實很奇妙，自從她起心動念的那一刻開始，事情有了一些因緣變化。

「民國 92 年，因為公司在經營上傳出一些負面消息，為了讓企業員工了解老闆經營的理念，我先生帶著我和婆婆全省走透透，親自到各事業所和員工吃尾牙，來到南投，我才知道這裡竟有一片茶園和老茶廠。」更巧合的是，同年 7 月剛被調到茶廠的吳廠長，對有機農業非常有興趣，在三峽分公

（上圖）莊惠宜與同學分享與土地共存共生的種茶觀點，傳遞眾生萬物平等的觀念。
（下圖）顏色紅豔、味道醇厚的台茶8號。

司任職時，曾經成功試種有機李子，理念和老闆娘不謀而合。於是兩人同心協力帶領員工，將老茶廠變成一個有機生態教育園地。

『從台北到南投 奔忙中堅定信心』

「離開台北到南投之前，我在家裡的陽台來回踱步了好幾天，腦中思緒像跑馬燈般轉個不停。」莊惠宜說，她的個性很自閉，一直以家庭為重心，也曾經想過，是不是在家裡附近的里仁商店打收銀機當義工，也可以貢獻自己，不用跑那麼遠？後來她終於想通了，體認到這件事還是非己親自去做不可，她說：「就像蒲公英，在肥沃的土地上成熟了，就應該背負任務到下一個地方去，毋需害怕改變！」

從此，莊惠宜展開了台北南投兩地奔波的生活。最忙的時候，曾經好幾個月都沒有回家。莊惠宜說：「其實我不喜歡去強調做這件事有多辛苦，因為我想即使不做這件事，去做別的事，也一定會碰到困難

日月茶園裡辛勤耕作的當地婦女。

的地方。」但她十分感謝佛法的牽引，讓她在疑慮恐懼時得到了支持。

「那時候開車來來回回在高速公路上跑，經常路上都是伸手不見五指，不知道自己是不是會開到大卡車下。有一次忙到清晨才回家，前方白茫茫一片，看不清路況。忽然之間，我想到自己的目標，還有老師說過的話而勇敢踩下油門，頓時籠罩在心頭的恐懼煙消雲散，前方的路竟也愈來愈清晰。」莊惠宜的眼神清亮而堅定。

她還記得，賀伯颱風來的時候，剛整修完的廠房被破壞了，樹倒了，路也塌了。但是當天下午，師父卻請同修帶了兩顆絲瓜前來探望，當場讓她熱淚盈眶。這些點點滴滴都是她以前不曾經歷過的。

精緻的包裝和有機醇厚的滋味，讓台灣阿薩姆紅茶再度廣受歡迎。

『放下自我 做個聽話人』

莊惠宜說：「從小到大我是個沒什麼偶像的人，但是從日常法師身上，看到一位表裡如一的長者，深深折服。我想，我這一生只要做一件事，就是做個聽話的人，實踐護生的理想。」對她來說，做一個聽話的人，並不是盲從，而是因為深深理解背後的意義與價值。

她從小就有一種想法——「有沒有人因為我的存在而獲益，活出生命的價值？」藉由和土地自然共生共存的種茶事業，她果然可以守護更多的生命，可以為環境盡一份心力，同時也可以影響更多的人。她永遠記得當她把日月紅茶交給師父的那一刻，「師父雙手合十感謝，但並不是感謝我的供養，而是感謝我做了護生的事情。」

莊惠宜說：「茶不是必需品，不必為了 5 分鐘的口慾那麼辛苦，但是這塊園地能夠成為一個傳承生命、文化的地方，做的事情價值與意義就不一樣了。」因此對她來說，主要的目的不是推廣阿薩姆紅茶，而是推廣適地適種，以及在地生產食用的觀念。然而實施有機之後，種出來的茶產量雖然只有四分之一，賣相也不好，但是香氣卻比以前更好，想不到竟使得台灣阿薩姆紅茶再度翻紅。

她說：「對於實施慣行農法的農民，絕對不能一味苛責，反而是抱著感恩和慚愧的心情，希望能夠漸漸影響他們，放棄原本的耕作方式，不要種植會造成流失水土的檳榔樹，而加入栽種有機紅茶的行列。」

『適地適種 推廣生命教育』

莊惠宜說：「從事有機事業，如果只是為了追求認證，心會覺得很苦，人為什麼要吃蟲吃下的東西；但是如果體認到萬物都是平等的，不是只有人才有生存的權利，那麼心改變了，想到維護的生命是數以億計，手的工作方法也會跟著變。」

而從事有機護生工作的三年，莊惠宜認為她得到的遠比付出的多，甚至面對至親的病逝離去，她也能坦然以對。「大伯罹患喉癌期間，某次在導覽時，我忽然覺得能跟大家說話，說這些有用的話，是多難得的事。而今年他往生了，我們遵照他的意願舉行了樹葬，骨灰罈是用小玉米做的，想到他身上的鈣質還能滋養一顆樹，心裡也就放下了一些。」她平靜地說。

有機栽培是為了尊重每一個生命的生存權利，茶葉上可見蟲蛀咬痕。

『德國考察 改變環境靠這一代』

莊惠宜說，她前陣子到德國去考察當地的有機農業運作，感觸良多。她看到德國的土地非常廣大，在地力充足且天氣適合的情況下，病蟲害很少，好像隨便插根竹竿都能夠種活。住在民宿的老媽媽家前院有幾棵樹齡很大的櫻桃和梨子樹，院子裡有自製桶裝液肥供給養分，顯示有機農法深入每個家庭。而從德國到捷克的路上，她看到儘管農地是那麼寬廣，大家卻都是用割草機不停的在除草，沒有一塊田噴灑除草劑，維護環境生態的觀念已經徹底落實在每一個地方。

她說，其實農藥是二次大戰時德國發明的，原本用於戰爭的殺人武器在戰後被用來殺蟲，因此對於當地環境的殺傷力可想而知。德國也曾經付出慘痛的代價，花了很多錢整治多瑙河。今天能夠恢復到這樣的程度，顯示事在人為。反思台灣，一定要靠我們這一代，如果現在還不開始了，將來就很難有所改變了。

「也許下輩子我會投胎變成蚯蚓，想像一隻蚯蚓，一輩子生活在酸土裡的絕望，所以我更要珍惜當下，在今生努力。」她對未來始終是抱著希望的。「有一天，我發現茶廠的停車場上空有老鷹盤旋，非常高興，因為這表示茶園建立起自然界的食物鏈，生態已經恢復了。」莊惠宜眼神中有著自信與篤定。

演講最後在熱烈的掌聲中結束，我看著台下一雙雙發光的眼睛，每一個聆聽者似乎都接收到這份溫柔而堅定的力量，就像是茶園的小茶苗，生氣勃發。散會之後，有一位貼心的男學生，立刻寫了一張小卡片，送給莊惠宜，感謝她讓他們度過如此特別而充實的一天。

看著台下的這一幕，我深深相信這裡是塊幸福的園地，不僅守護著億萬個生命，億萬個生命，也必定同時守護著這塊土地，這份力量會播種在每一個來到老茶廠的人心裡，就像當初從印度飄洋過海來的阿薩姆茶種一樣，終將開枝散葉，聚會好的因緣與善果。

日月老茶廠門市。

日月老茶廠

達人檔案

姓名 / 莊惠宜

年齡 / 30 多歲

經歷 / 台灣農林公司前董事長夫人

商品 DATA

商品名稱 / 有機紅茶、綠茶

售價 / 台茶 8 號（阿薩姆紅茶）400 元（75g）、台茶 18 號（紅玉紅茶）500 元（75g）、東方美人茶 480 元（75g）、碧螺春 480 元（75 克）、烏龍 600元（187.5 克）

網站 / www.assamfarm.com.tw

銷售點 / 茶廠、有機商店或電話訂購

體驗行程 / 30 人以上團體可預約導覽行程，導覽費用 50 元（一人），午餐＋導覽 450 元（一人）

地址 / 南投縣魚池鄉中明村有水巷 38 號

電話 /（049）289-5508

食用方式 / 以熱水沖泡即可

TOAF慈心有機農業發展基金會

國內有機農業的四大民間驗證團體之一

成立時間 / 民國 86 年 3 月 31 日

成立宗旨 / 促進身心健康，造就圓滿人身。回復大地元氣，饒益世代子孫。推廣慈心事業，建立誠信社會。

聯絡電話 /（02）2545-2546

樂活玫瑰

因為愛，所以玫瑰園存在

有機達人──郭逸萍＆章思廣

嬌豔欲滴的玫瑰，永遠是世人寵愛的焦點。除了美麗外表和芬芳氣味之外，玫瑰之所以讓人著迷，更在於它恰好凝縮了愛情的精妙涵意——「任世上有千萬朵玫瑰，只馴養一朵屬於我的玫瑰」，這也是法國作家聖艾修伯里筆下的小王子，感動了每一世代讀者的原因。

在南投埔里，有一對青春正盛的情侶——章思廣與郭逸萍，同樣選擇了守護屬於自己、獨一無二的玫瑰。他倆以無農藥、化肥和除草劑的有機栽種方式，引山泉水灌溉，用愛心、耐心與毅力，使玫瑰成為純淨無毒且秀色可餐的食材，打造了台灣第一座有機栽培的食用玫瑰園——玫開四度食用玫瑰園，也為自己寫下一段青春無悔的玫瑰物語。

優美環境吸引鳥媽媽在此安心築巢。

清晨，當第一道陽光照射在埔里的牛眠里，玫瑰園裡的玫瑰精靈似乎也被喚醒，小巧含苞的花蕊漸漸舒展綻放，使空氣中彌漫著混合濕潤露氣的甜香。

在氣候溫和、水質清澈，適合花卉生長的埔里有許多玫瑰園，不過，「玫開四度」的風景卻和其他花園不太一樣。一眼望去，這裡的玫瑰花並非一片整齊的花海，花叢不僅高低錯落，還有許多雜草間生；溫室中不刻意修矮的植株上，艷紅花朵有的竄得比人還高；繁茂健壯的枝葉之間，竟有鳥媽媽在上面安居築巢。滿園玫瑰生氣蓬勃，別具一份野性美。

玫瑰園裡生態活潑豐富，圖為在溫室裡棲息的小鳥。

一早來到「玫開四度」，主人郭逸萍及章思廣忙著巡視花園與灌溉澆水。早上 9 點，玫瑰剛好開到 7、8 分，香味完全釋放，正是進行採收的最佳時機。郭逸萍指著一朵開得特別明艷的玫瑰說：「我們選種的玫瑰是花瓣數約 15 片的『中輪種』，雖然不如其他品種有 50、60 片花瓣，但是她的香味高雅適中，不會太過濃郁甜熟，特別適合食

幾乎碰到屋頂的有機玫瑰花，別具野性美與生命力。

用。」眼前這對「六年級生」戀人，都有著深邃輪廓與一身健康的膚色。看其熟練地做著例行的農事工作，很難想像，兩年多前，他們還是從事香草料理的餐飲主廚，對於園藝栽種一竅不通。

『玫開四度 父親創業的心血』

「玫開四度，是父親取的名字。」郭逸萍說，4 年前，父親本來在台北做生意，回埔里種植玫瑰花是人生的第四度創業。一開始和埔里大多數的玫瑰園一樣，都是以供應花材的「切花」為主。但是台灣因氣候濕熱，玫瑰花的病蟲害非常多，平均每一週要噴灑兩次農藥才能夠確保收成，有的甚至連採收之後也照樣噴藥。某天，父親噴完農藥後，身體十分不舒服，還送往醫院吊點滴。這樣依賴農藥的栽種方式，讓全家人都感到非常不安心。

後來，在農會的鼓勵及評估市場之後，認為玫瑰的食用用途很廣，可以製成玫瑰花茶、玫瑰果醬、玫瑰酒和玫瑰醋，於是開始朝向「準有機栽培」，並與業者合作契作，供應玫瑰花瓣原料。剛開始的收成與收益，都相當不錯。

不過沒想到，由於只有口頭約定，未曾簽訂合約，對方一年只收三個月的原料，其餘時節要自己想辦法。郭逸萍說：「當時真的很慘，原本只是單純的種植，對於拓展行銷通路毫無準備與經驗，足足有超過半年的時間毫無收入。爸爸心灰意冷之下，竟放著整園玫瑰不採收，任其凋零。」我想像滿園芳華自開自謝的寂寞，原來實現令人憧憬的玫瑰夢，沿路上腳踩的不是柔軟的花瓣，而是滿路荊棘。

『初生之犢 走過蟲蟲危機』

郭逸萍說：「父親也曾經想過再回頭作切花，至少每十天採收一次就會有收入。」但是當時，在台光香草園擔任餐飲工作的兩人，不忍心看到父親的創業心血無疾而終；同時憑著廚師的直覺，看好玫瑰食用市場的發展潛力，於是決定放手一搏，把工作辭掉，投入有機玫瑰的栽培。

「剛開始真的什麼都不懂。白天，眼睜睜的看著白粉病、黑點病一點一點占據玫瑰葉片；晚上有蚜蟲、毛毛蟲和一堆不知名昆蟲合力演出的辣手摧花記；另外還有雜草大軍不分日夜地迅速攻佔玫瑰花苗的領地。投入第一年的景況，只能以災情慘重四個字來形容！」雖然植物與植物，以及植物與動物之間的競爭與廝殺，沒有哀號與血跡，但是我想其激烈程度，可能不下於電影中的戰爭場面。

（左圖）含苞待放的玫瑰花蕊，邊緣已經被蟲咬了幾口了呢！
（右圖）這裡的玫瑰花叢長的比人還高，是因為只摘採不修剪，玫瑰會從每一個節中再開出許多花朵。

使用不灑農藥的生物防治法來減少害蟲侵襲。

「最尷尬的是，鄰居看到我們的花園雜草叢生，媽媽去雜貨店買東西，都不免被問：『你女兒是在種花還是種草？』害得媽媽連雜貨店也不敢去！」郭逸萍苦笑不已。

聽到這裡，靦腆的章思廣補充：「由於國內缺乏栽培有機玫瑰的經驗，請教前輩，答案幾乎都是不可行！只好自己胡亂摸索。」他的電腦比較厲害，每天上網找國外資料，看不懂的地方就按翻譯機逐字翻譯，成了例行工作之一。

「玫開四度」的有機栽種面積為1分地，保持良好的通風可減少罹患白粉病的機率。

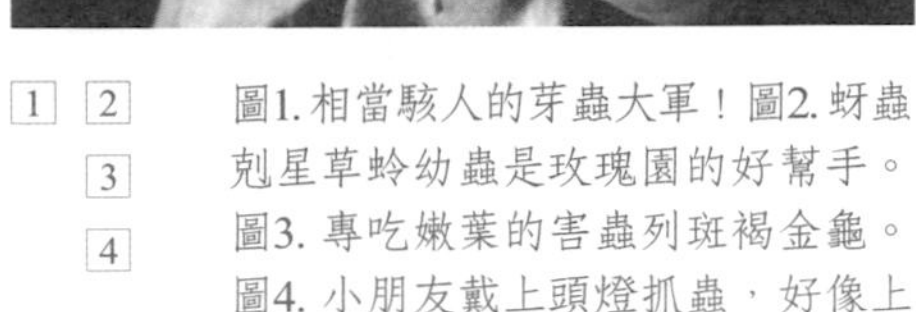

1 2
3
4

圖1. 相當駭人的芽蟲大軍！圖2. 蚜蟲剋星草蛉幼蟲是玫瑰園的好幫手。圖3. 專吃嫩葉的害蟲列斑褐金龜。圖4. 小朋友戴上頭燈抓蟲，好像上夜間自然生物課。

所幸，他們的堅持並沒有白費。不久之後，認識了台中區農業改良場的陳彥睿博士和張隆仁博士，學習控制濕度來解決白粉病問題。同時也到慈心有機農業發展基金會上課，學習製作有機肥及生物防治法，使得整體情況改善了許多。至於惱人的雜草與蟲害問題，就靠著雙手來解決——清晨與黃昏辛勤除草；晚上，則號召家人成立一支夜行軍，戴上頭燈捉蟲，挑燈夜戰，展開搶救蟲蟲危機大作戰！

『樂活玫瑰 建立自有品牌』

打開冰箱拿出冷藏的新鮮玫瑰花瓣，郭逸萍和章思廣將花瓣放入新添購的烘培機，進行花瓣烘培。章思廣說，兩年多下來總算有了一點點成績，現在有機玫瑰的產量與品質皆逐漸穩定，且通過 SGS 檢驗，100%不含農藥與化肥。目前承租的土地共有 7 分，玫瑰種植面積有機部分為 2 分地，一年產值約 1.5 公噸，粗有機部分，目前並無採收。

但是克服了生產問題，最大的挑戰還是在行銷方面。郭逸萍說，過去的經驗告訴他們，絕不能只把自己訂位在原料供應商的角色裡，除了容易受制於他人之外，也是因為基於成本考量。大多數咖啡茶飲店的老闆還是習慣用非有機或是國外進口的玫瑰花茶，觀念很難突破。因此從今年4月開始，他們推出了自己的品牌——樂活玫瑰，包裝了一系列的有機玫瑰花醬、玫瑰醋和花茶產品，跨出了建立自我品牌的第一步。

「單打獨鬥的確是很辛苦，但是慶幸身邊總是遇到貴人。」郭逸萍說，一路走來，松園民宿的彭老闆一直很幫忙，松園和玫開四度一起合作開發玫瑰花醋產品，將玫瑰醋包裝成伴手禮，送

整理嬌豔新鮮的有機玫瑰花瓣，準備進行烘培。

（左圖）剛烘乾完畢的玫瑰花茶。（右圖）玫瑰花對女孩子特別有吸引力，能帶來好氣色與好心情。

給民宿的 VIP 客人；老闆娘還利用新鮮的玫瑰入菜，加入玫瑰 sauce 的涼拌沙拉美人腿，頗獲客人好評，要事先預約才吃得到。個性率直的彭老闆說，年輕人突破傳統模式，追尋自己的夢想應該多加鼓勵，在他眼中的逸萍與思廣是認真又古意的人，很高興看見到他們一點一滴地走出自己的路。

招牌產品是吃得到玫瑰花瓣的花醬。

松園民宿老闆娘以玫瑰醬做成沙拉sauce，讓埔里美人腿（筊白筍）更顯白嫩可口。

今年，「玫開四度」也設計了半日的「有機玫瑰園導覽+玫瑰花醬DIY 課程」，許多民宿客人都很有興趣親自了解有機玫瑰和一般玫瑰有何不同。郭逸萍說，當客人看到玫瑰園中的水源是可飲用的純淨山泉水，還有以糖蜜、奶粉、活菌、海藻作成的有機肥，往往可以了解他們投入有機栽培的用心。離開時，都會順便帶些伴手禮；有些熟客，甚至還要求宅配冷藏的玫瑰花瓣。樂活玫瑰就這樣涓滴成水地建立自己的品牌知名度。郭逸萍欣慰地說：「目前正在研發的是女生最愛的玫瑰花露水，希望很快可以上市。」

『玫瑰騎士 為夢想出征』

除了逛玫瑰園，DIY 花瓣醬的活動也非常受歡迎。郭逸萍一邊解說，一邊示範如何製作（見右頁）。

完成後我迫不急待的嚐了一口，酸酸甜甜的口感中有著優雅的玫瑰香氣，還吃到真材實料的花瓣，感覺好奢華！

玫瑰花瓣醬DIY

材料：

玫瑰花瓣（約 10 朵）、二號砂糖 100 克、檸檬汁 15cc、水 150cc、玻璃罐1個

做法：

1. 把玫瑰花瓣剪成碎片。

2. 將水煮沸後，丟入花瓣，加入砂糖熬煮。

3. 滾開後熄火，加入 15cc檸檬汁，待涼。

4.

放入玻璃罐，倒放一陣子。一瓶色澤醉人的玫瑰花瓣醬就完成了。

用愛滋養的玫瑰更顯嬌豔。

樸實的郭逸萍說，她並不喜歡誇大強調食用玫瑰的功效，因為她認為，看到玫瑰會總是會讓人心情愉悅，再加上選用的是純淨無毒的材料，吃下的東西一定是有正面的效果。她說非有機栽培的玫瑰會殘留農藥，對人體有害，大部分的人收到玫瑰花時，都會興奮地拿到面前深深吸一口氣，不過在聞花香的同時也吸入殘留的農藥。連貼近嗅聞都不好的話，自然也不能拿來泡澡或是食用了。

燦爛的陽光將滿園的玫瑰襯托得更為紅豔耀眼，郭逸萍看著一旁的章思廣，有些靦腆地說：「所有的女孩都希望收到男朋友的玫瑰花，而他卻送我一座玫瑰園，因為若不是他的堅持，我可能早就放棄了！」

截至目前為止，玫瑰園的經營還沒有達到收支平衡，她得一邊兼種仙人掌小盆栽來貼補虧損，而章思廣則是利用晚上的時間，到府維修電腦，以過去的興趣與專長，來支持著現在的夢想。在我眼中，他們兩人簡直就像是一對玫瑰騎士，儘管風塵僕僕，路程有些顛簸，但是為自己的夢想全力以赴的勇氣，卻將鼓勵著同樣有夢想的年輕人，為自己出征。

樂活玫瑰

達人檔案

姓名 / 郭逸萍、章思廣

年齡 / 約 30 歲

經歷 / 廚師、餐飲服務

商品 DATA

商品名稱 / 玫瑰花瓣醬、玫瑰糙米醋、乾燥玫瑰花瓣

購買方式 / 現場或網路

售價 / 玫瑰花瓣醬一組（2 瓶）400 元、玫瑰糙米醋 500 元（1 瓶）、乾燥玫瑰花瓣 220元（一包，15 克）

網站 / www.lohasrose.com

Facebook / 玫開四度食用玫瑰園
https://zh-tw.facebook.com/171416676235720

地址 / 南投縣埔里鎮清新里開南路25號

電話 / 0933-420-572、0972-359-915

食用方式 / 花瓣醬直接塗在土司或餅乾食用，花茶可直接沖泡或加入其他飲料中。

SGS Taiwan Lt. 台灣檢驗科技股份有限公司

SGS 瑞士通用公證集團成立於 1887 年，是全世界最大測試、認證與檢驗公證集團。目前在 140 多個國家擁有 1,000 個分公司及 340 個實驗室。台灣分公司服務範圍包含農產部、消費品檢測部等，提供的測試驗證範圍很廣，其中包含農產品、水產品等。

成立時間 / 民國 41 年

成立宗旨 / 協助廠商順利拓展外銷及提升品質，為台灣未來經濟發展貢獻心力。

網站 / www.tw.sgs.com　聯絡電話 /（02）2299-3939

羅山有機村

生產、生態、生活三合一

打造樂活人文新農村

相對於擁有休閒農場或是溫泉資源的市鎮，位於花蓮最南邊的羅山村，是一個平凡寧靜的小村落。不過，近幾年知名度卻急速竄升，在喜愛生態休閒的人心中，別有吸引力。

羅山村是全台灣第一個有機村。從民國91年開始，在全村 171 戶、580 位居民的共識下，200 公頃的農地逐漸全部轉為有機耕作，不但孕育了優質的銀川米和富麗米，還有有機梅子、愛玉、桶柑、文旦等；遠離污染的清新環境，和純樸、自然的人文風情，成為實踐樂活農村的最佳範例。究竟這個小小的村落有著什麼樣的魅力？且讓我們一起去探索吧！

踏進羅山村，第一個感覺是遼闊——遼闊的天空、遼闊的青山、遼闊的田野。僅僅 25.18 平方公里大的村子，因倚偎於東海岸山脈西麓，三面環抱，中間是低平的緩坡，像一隻大碗，故而形成寬坦平和的感覺。往村子裡唯一的主街道走去，房子、老厝、學校、廣場、活動中心、商店、犬吠、人聲、稻田，慢慢展露開來，別有一種樸實清朗的氣息。

東海岸山脈所環抱的羅山村，田野風光美不勝收。

『山脈環抱 水源獨立無污染』

推動羅山村成為有機農村的構想，來自於花蓮農業改良場。當時農改場的林妙娟課長，到日本熱海瑞泉鄉大仁農場參觀，看到其結合有機生產、自然農法學習、有機餐飲，與生活生態體驗的模式，認為應該可以在花蓮找到合適的地方來發展，幾經考慮選擇了羅山村作為實驗基地。

羅山村雀屏中選的原因，首先是地理條件非常適合，其三面環山、封閉的地形，較不容易受到週遭環境的影響；這裡主要的灌溉水源是螺仔溪上游的羅山瀑布，不會流經其他村鎮，且灌溉渠圳和排水溝是分開的系

（上圖）源流自羅山瀑布的灌溉水源，培育出品質純淨的富麗米。
（下圖）羅山村可以欣賞到美麗壯觀的雲瀑。

統，擁有獨立而純淨的水源；而且村內沒有任何工業污染，空氣清淨，土壤肥沃，村民向來飲用的都是山泉水，具有得天獨厚的有利條件。

在自然生態景觀與人文資源方面，羅山村擁有羅山瀑布和獨特的泥火山地形；海拔高度橫跨 200~1500 公尺的山凹地形，成為動植物生態樂園，光是泥火山區植物就有 210 種、鳥類有上百種、蝶類 59 種；此外居民 80% 是客家人，大都以務農為主，是典型的客家農村。由於村民之中有第二代子女都在外地工作，人口單純，若能夠將家中閒置空間加以整理、增添設備，開放旅客體驗農家生活，是發展「生產、生態、生活」三生結合的有機農村的絕佳示範。

羅山特殊的地理現象——泥火山地形。

就在農改場的輔導，農會、社區發展協會的溝通下，由產銷班、家政班、四健班幹部，及教育與社區工作者、村中地位尊崇的長輩等 19 人，組成有機村發展委員會。分為生產、生活、生態與行銷四組，展開了打造有機農村的希望工程。

『有機稻作 富麗米外銷日本』

在羅山村裡，水田約有 90 公頃，是第一批實施有機栽種的作物。從慣行農法轉型為有機栽種，最難克服的往往是農民的觀念，讓人份外好奇究竟如何讓全體農民點頭同意的。我來到前有機米產銷班第四班班長溫秀春家中拜訪，溫班長除了從事農作，並成立體驗農家和有機商店，在假日提供遊客民宿與餐飲。

羅班長說，其實 91 年農會成立稻米產銷班第四班之前，從 87 年開始，他和 4、5 位農友就已經種植有機米了，屬於銀川米系統。一方面，其他農友都知道他們做有機的收益不錯，在不用噴農藥之下，身體健康的情況也有目共睹，所以在心理上接受程度已經大為提高；另外一方面，他們這些打頭陣的人，直接把經驗提供給其他農友參考，減少了錯誤發生的機率，所以推展起來比想像中順利。

「當時遇到比較大的問題是，有些人的田在羅山，但是不住在羅山，對做有機心裡比較沒有認同感！」後來，經過農會不斷的溝通，這些地由農會租下來休耕，

羅山有機農村商店的招牌很有特色。

解決了問題。回想過去的情況，羅班長說：「第一年種的時候，真的遭遇到很大的困難，例如 1 公頃的稻田要下多少肥料，我們和農改場都沒有經驗，一下子放了 2 公噸的肥料，結果那一年稻子都倒伏，損失很慘重！」

所幸到了第三年開始，逐漸累積經驗，產量提高不少。羅班長說，現在農會是用 100 台斤（60 公斤）比非有機米多 400 元的價格來收購，產量雖然沒有以前多，但是價錢較好，所以收入和過去差不多。「其實栽種有機是看天吃飯的意思，該做的都做了，就看老天賞不賞飯吃了。去年碰到稻熱病，又碰到飛虱，收成算起來很差；但是今年第一期就還不錯。」種了一輩子的

（右圖）剛抽穗發芽的有機稻。
（左圖）富里農會在休耕的農地上種植花卉，營造花海意象，深受遊客歡迎。

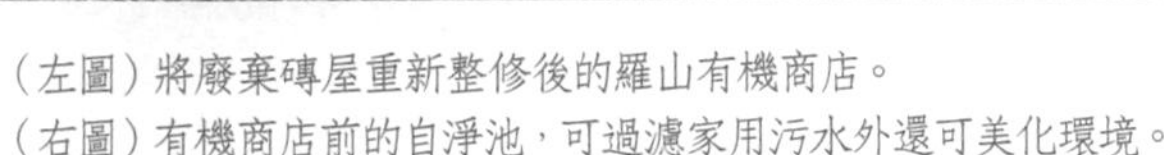
（左圖）將廢棄磚屋重新整修後的羅山有機商店。
（右圖）有機商店前的自淨池，可過濾家用污水外還可美化環境。

田，羅班長選擇以豁達來面對各種情況。

目前羅山村除了銀川米之外，主要以富麗米為銷售品牌，已經通過台灣寶島有機農業發展協會認證，而且因為選用的是高雄139品種，冷飯特別 Q，很合日本人胃口，因此創下第一個外銷到日本的台灣米的紀錄；至於有機水果的部分，則還在申請認證中。進村前，我參觀位在羅山村村口的富里農會賣場，裡頭擺滿了各種羅山特產，有名稱與包裝皆美的富麗有機米、濃濃懷舊味的有機米麩，以及結合生物科技的黃金有機米保養品等，吸引了許多其他地方農會的農友組團來參觀，展現了產銷之間充分配合的充沛活力。

『生態復甦 壓箱手藝再現江湖』

「做了有機之後，最大的改變就是動物都回來了，老一輩的人特別有感覺。」溫班長說，羅山舊名叫「螺仔坑」，因為在開墾之後，田裡有許多田螺繁殖，而且有一條溪流經過，所以以螺仔來稱呼溪名，形成聚落後就叫螺仔坑。現在不僅有田螺，還有雉雞、野兔，連山豬也跑到田裡吃稻子。最特別的是，「傍晚時會聽到山羌的叫聲，老人家會笑著說，這是小時候聽過的聲音，那叫聲是在找伴啦！」

除了生產與生態的改變，實施有機之後，改變最大的是人的生活。目前村內有十餘家體驗農家民宿，還有 2、3 家餐飲小吃；為了讓客人有賓至如歸的感覺，每一家都努力端出好菜，在互動刺激之下，婦女在家政班用心學習，甚至意外的把失傳已久的壓箱寶給挖了出來，泥火山豆腐就是其中一例。

溫班長說，早年，泥火山豆腐是住在羅山瀑布附近人家都會做的，其特別之處，是以羅山特有的火山泥水取代石膏，吃起來 QQ 的，夾起來也不易碎，口感頗似百頁豆腐。但自從豆腐大量生產後，街上隨意可以

轉型為有機村後，村內的婆婆媽媽貢獻自身好手藝服務遊客，生活多了變化，也更快樂。

買到，就沒有人做了。文史工作室的洪小姐知道了這項羅山過去的特產，很熱心的希望能夠復興起來。

後來，溫班長請出他 81 歲的老母親親自製作。當時溫媽媽原本沒把握能夠做出來，畢竟已經相隔 50 年了，想不到卻一試成功。從此溫班長的太太也從婆婆那裡傳承了這項技藝，並且大方分享出去，每個客人若是到店裡，都可以來一客泥火山豆腐 DIY。「這個年頭，最重要的是分享，不能夠再藏私了，藏私的結果可能會造成失傳，一點意思也沒有。」

溫家經營的有機商店，是由紅磚厝重新翻修而成，門前有可過濾污水的自淨蓮花池，屋後還有一片竹林，景色非常優美。商店裡展示了當地居民就地取材的傳統手工藝品，有草鞋、斗笠、小童玩等，十分有趣，商店裡附設的餐飲小吃也很特別，吃飯前得自己削竹筷，溫太太說：「許多客人都非常讚賞這樣環保又衛生的創意，削得很高興呢！」

用稻草編成的杯套。

稻草製作的手工傳統草鞋。

像山羌還是鹿呢？

『體驗農家 炒米香傳承』

當天我住宿的「雞鳴園」是由溫元山夫婦所經營的體驗農家，兩層的透天樓房，樓上有三間獨立套房，設備新穎、齊全。為了避免資源浪費，這裡不提供毛巾、牙刷與盥洗用品，以落實環保概念。

一大早起床，我就跟著女主人溫太太到自家菜園裡拔菜；到雞舍餵雞、撿雞蛋。這些開著美麗花朵的紫茄子和溫熱的雞蛋全都變成了我的早餐，簡簡單單卻有滋有味的一餐，讓我畢生難忘。

飯後，溫太太充當我的嚮導，走訪羅山的田野、瀑布、大魚池、泥火山等地方。站在一望無際的平疇綠野中，整個人心情也沉澱下來，景色之美一點都不輸給日本北海道。儘管溫太太不擅言辭，但是我想對於羅山的傳統農家婦女來說，轉型為有機村後，她們的生活也多元起來，雖然忙碌卻一定更加快樂。

雞鳴園溫太太一早到有機菜園拔菜，準備早餐。

菜園裡的茄子開著美麗的花朵。

體驗農家裡現做的傳統中式早餐，有著最純淨平實的有機滋味。

返回民宿後，聞到一股撲鼻米香，溫太太笑著說，是她兒子正在炒米香，因為新竹那邊有人訂購，所以一早就開始製作。走到民宿旁邊的穀倉，我看見一個 20 多歲的大男生站在傳統的大灶前，以雙手奮力炒著米。辭去工作回家幫忙的小溫先生，十分害羞話不多；溫太太在一旁邊解釋著炒米香的由來。

「當初農會的小姐說，最好每家民宿都可以發展出自己特色，因為我們家有養雞，所以就取名叫做『雞鳴園』，可是這樣特色好像還是不夠，後來我想到我小姑的婆婆，每年都會送炒米香給我們吃，於是就想到去跟親家母學。」

這炒米香雖然做出來的樣子跟爆米香挺像，卻是用炒出來的，製作手工繁複，打穀後，米要充分曬乾才行，非常不簡單。我試吃了一口灑著芝麻、花生以及柑橘皮的米香，濃郁的鮮香散發在口中。簡簡單單的一口，卻有父執輩的心血栽培、婆婆媽媽的家傳味道，還有年輕一代的虛心學習與參與。這一趟結合「生產、生態與生活」的羅山有機農村初體驗，真是人生難得的旅程。

富里農會總幹事陳榮聰歡迎大家大羅山村進行深度之旅，了解有機米的生長環境。

雞鳴園推出少見的客家炒米香傳統美食。

客家炒米香製作過程

1. 大力翻炒。
2. 壓扁。
3. 切成小塊。

1
2 3

羅山有機村

商品 DATA

商品名稱 / 富麗有機米

售價 / 有機白米 240 元（2 公斤）、有機胚芽白米 250 元（2 公斤）

網站 / www.fulifa.org.tw

銷售點 / 富里鄉農會、有機商店、電話、網路訂購

地址 / 花蓮縣富里鄉羅山村東湖 9 鄰 6 號

電話 /（03）882-1705

體驗行程 / 羅山村一日、二日遊，請洽富里鄉農會旅遊部

FOA 台灣寶島有機農業發展協會

國內有機農業的四大民間驗證團體之一

成立時 / 民國 92 年 2 月 8 日

成立宗旨 / 基於愛惜臺灣這片土地並響應政府對有機農業的永續經營，希望臺灣的農業以回歸自然、有機農耕的方式，恢復土地生命力，維持自然生態平衡，造福人群，為後代子孫營造健康而美麗的寶島新臺灣。

聯絡電話 /（02）8671-7963

幸福農莊

以自然農法彩繪的樂活地圖

自然農法達人——黎旭瀛&陳惠雯

對所有的醫生夫妻來說，幸福的藍圖可能有各種不同的樣貌，但是過著農夫、農婦的生活，並且還廣為「輸出流傳」，全台灣卻可能只有一對。

擔任眼科醫師的黎旭瀛和太太陳惠雯，因為大女兒患有異位性皮膚炎，為了尋求更健康的環境，於是展開了以自然農法為中心的生活，不施肥（包括有機肥）、不噴藥，以及自家採種的農作方式，不僅孕育出健康營養的蔬菜米糧，也打造了一片自給自足的幸福家園。佔地 2000 多坪的大屯溪自然農法教育農莊，像是一塊磁石，吸引著希望師法自然，創造夢想生活的朋友前來做伙鬥陣，成為一塊「人與自然共生的教育基地」。

踏進大屯溪自然農法教育農莊，立即被眼前的景象震懾住了。巴哈的無伴奏安魂曲，迴盪在遼闊的田園之間；女主人在紅磚土厝前準備農事；一大一小男孩躺臥在陽台大鞦韆上嬉戲；田園中的身影，是彎著腰工作的男主人。我像是誤闖桃花源的武陵人，屏神吸氣、倚立門邊，希望不要驚擾任何人。此時的我，早已乘著御風的音符，飛

男主人埋首低頭努力耕作。

有如桃花源的大屯溪自然教育農莊。

到溪渠、稻田、菜園……農莊裡的每一個角落。我想，這麼美好的音樂，田裡的秧苗、菜仔也聽得正陶醉吧！

似乎誰都也不忍心打破這份靜謐，主客雙方很有默契的只是點頭招呼。男女主人各自在忙，我和攝影師先和小孩子搏感情。排行老二的小哥是個有聽力障礙和自閉症的孩子，清朗俊秀的他卻一點也不怕生，踩著板凳奮力爬上攝影師的背脊，認真得好像在攀「岩」；慧黠古錐的老么寶弟，在一旁笑嘻嘻地逗著狗狗玩。我想像，假日來自各地的會員們，帶著一家大小來到農莊，大人們在田裡耕作，小孩子在瓦厝前嬉戲，好像以前農村過日子的方式；在這樣的環境下成長，一定比城市裡的孩子要健康快樂許多！

據說北美原住民伊洛魁族的生活哲學，就是做任何決定時，都顧慮到「七個世代後的子孫」。對黎醫師夫婦來說，孩子正是引領他們成為「自然農法實行者」的奇妙契機。

大屯溪是農莊的灌溉水源也是夏日戲水的最佳去處。

『闢建荒地 打造自然農法家園』

來自台南的陳惠雯，從小就是個愛冒險的女孩，不到 20 歲就憑著自己的本事做生意當老闆，收入豐厚。但是不按牌理出牌的她，卻在 23 歲那年嚮往儉樸的生活，隻身來到日本神慈秀明會總部（註），成為第一位來自台灣的義工，也接觸了會中提倡的自然農法。回台後，她持續擔任義工工作，並且利用閒暇時間，在住家附近菜園耕作。

黎旭瀛是來自日本的華僑，就讀高雄醫學院期間，曾參加「紅螞蟻合唱團」，以一首「愛情釀的酒」，成為許多樂團玩家心目中的偶像。畢業後他回歸本行，認識了在醫院擔任義工的惠雯。彷彿是上天安排的巧合，兩人約會竟然經常是在菜園附近。

結婚後大女兒出生，患了異位性皮膚炎，讓他們開始重新思考各種對生活有益的方式，以減少有害物質的汙染；多年前在心中埋下種子的「秀明自然農法」開始萌芽。他倆在租地試種蔬果食用半年之後，女兒的症狀不藥而癒，黎醫師的氣喘宿疾也鮮少再犯，自此更堅定落實自然農法的信念。6 年前，黎醫師夫婦在台北縣河川保育協會的介紹下，租下了這片位於三芝大屯溪畔、曾經休耕荒廢了10年的農地，闢為家園。

『親手農作 感受土地的力量』

田裡的工作告一段落，黎醫生回到陽台休息；為了有更多的時間務農，他辭去了新光醫院的工作，到附近的小鎮診所一週看診兩次。黎醫師與太太有著同樣深邃的五官以及健康的膚色，不同的是，黎醫師感覺較為沉靜穩重，惠雯則有一種直率的熱情。

我們隨意聊著目前台灣從事有機農業的現況，「自然農法和一般有機農法的差別在哪裡？」我丟出了心中的疑問。

「岡田茂吉先生倡導的自然農法，是一種農業的藝術。方法是以潔淨的土、乾淨的水及適度的陽光等三元素，加上生產者感謝及尊重自然的心來培育作物。不使用除草劑、肥料，只視情況添加自然草葉的堆肥，所採用的種子也是每一季自己留種下來的，不使用外來的種子。」說話慢條斯理的黎醫師，細心地解釋。

自然農法完全不使用有機肥，只以自然草葉覆蓋堆肥。

「可是這樣土地的養分夠嗎？」我問。陳惠雯在旁補充說：「待會兒可以跟我到菜園去看看就可以了解了。」

黎醫師接著說：「剛才我說的是自然農法的栽培方式，不過自然農法最重要的其實是從實施的過程中，感受自然的力量，即使只是拔一拔草，看到自然的變化，了解這一季的作物有些什麼，也是很好的。曾有位來農莊參觀的女士說，她是做慈善工作的，一天睡不到 5、6 個小時，如果這裡可以賣健康的餐盒，讓她冰在冰箱裡，這樣就很方便。」

「我告訴她，只吃健康的蔬菜是不夠的，人會生病是因為離開了自然，吃的東西、喝的水不乾淨，接觸過量的電磁波，住在擁擠的高樓大廈裡。我記得有位會員，原本身體不太好，來了農莊也不太想下田，後來勉強到水稻田去幫忙，想不到當腳踩在泥土上後，精神竟好了起來，因為土地是有力量的，具有療傷的功能，但是一般人卻對它很陌生。」

「實行自然農法的另一項好處是，將商業買賣回歸到人與人的關係。現在一般人去有機商店買有機蔬菜，心裡還是怕怕的，就算有認證，但因為吃的人和種菜的人彼此不認識，還是無法產生信任。若吃的菜知道是誰種的，甚至是自己親手種，結果就完全不一樣了，所以自然農法不只是技術層面而已，重點在於人的心，若是只吃有機，但是心態不有機，還是行不通的。」

也因此，大屯溪農莊只招募農援會員、義工，卻不直接販售蔬菜，希望透過自然農法的引導，讓人參與親手除草、拔菜、收割過程，重新建立與自然的關係，認識土地的力量，也收穫一種幸福的生活。想要吃菜，平時就得來除除草、關心它；就算忙得沒有時間，至少收成時，也要親自來採收，而喜歡農作的人，更可想吃就來拔，不限次數。

『自家採種 激發植物的生命力』

接近中午了，黎醫師到鎮上去接女兒放學。陳惠雯說：「我們一起到菜園拔菜，準備午餐吧。」三個大人、兩個小孩蹦蹦跳跳的走下石階，我看見清澈蜿蜒的溪圳，想必這是農莊的灌溉水源，也是孩子們夏天的天然泳池吧！眼前有剛長出秧苗的稻田、果實累累的香蕉樹，高高聳立的玉米田，還有一畦畦的菜園，有的才剛發芽，有的已經大到可以採收。不一會兒盆子裡已經放滿了剛摘下的大黃瓜、胡蘿蔔、皇宮菜、牛蒡等，寶弟還拿著超大的黃瓜在田間跑來跑去。

「這些菜長得好大喔，我還以為沒施肥的菜一定是瘦小乾癟的！」我忍不住對著這些還帶著泥土的蔬菜瓜果凝視、讚嘆，就像是在欣賞一件藝術珍品。

陳惠雯和寶弟一起到菜園摘採蔬菜。

滿盆的鮮摘蔬菜，中午可有一頓好吃的囉！

寶弟與大黃瓜都是自然「培育」的健康寶寶。

現在的玉米幾乎都是F1品種，但大屯溪農莊的玉米都是自家採種所培育。

「其實在栽種的過程中，土會愈養愈肥，因為植物行光合作用後，有30%的能量會回歸到土壤裡，我們取走的只是一小部分而已。一般人不相信土地的力量，認為地會愈種愈貧瘠，如果真的是這樣，那麼千年神木是怎麼活下來的呢？既然樹木可以這樣生長，為什麼蔬菜不行呢？」陳惠雯一邊挖牛蒡一邊說。

「當初我們來到這塊地的時候，芒草長得比人還高，為了徹底整理，怪手連續挖了 28 天，把雜草都除盡了，但也帶走不少泥土，只剩下拳頭狀的貧脊黃黏土塊。可是不到 6 年的時間，現在農地裡都是鬆軟的黑土，收成量愈來愈豐富，種出來的菜滋味也更棒。就拿我們家種的秋葵來說，一開始又矮又小，但是現在枝幹可以長到2公尺高，一根足足有 20~25 公分，絨毛還軟軟的不刺人。」

陳惠雯說，其實自然農法並不是什麼標新立異的理論，老祖先種田種了幾千年都是用這樣的方式，以前的農夫是懂得天文學、氣象學、生態學的人。但是在最近 30、40 年，這些專業知識都被噴灑農藥和施肥所取代，為了追求速成與量產，人在土地上灑下有毒的東西，「土地是人類的恩人，但是人類卻拼命灑上有毒的東西，也難怪它不想再保護我們，土地和人都一起生病。」陳惠雯感嘆的說。

激發野草般生命力的自然稻子，遇到颱風依然屹立不搖。

「其實自然農法最重要的除了養土之外，就是採種。我會挑選菜園中長得最好的一棵來留種，因為周圍的菜都被蟲吃了，只有它沒事，這表示它身上能夠散發出保護自己的氣體，最能適應這塊土地的生長，經過一代一代的栽培，蔬菜會激發出自己的生命力，變得像野草一樣強壯，這樣的菜當然比市場上種 10、20 天就收成，好看卻虛胖的菜，營養又好吃多了，而且也比較不怕蟲害。像是每年夏天都會有幾個颱風，但是農場裡的稻子卻都挺得住，沒有受到太大的影響。」我發現陳惠雯的神情像一個母親，對蔬菜寶寶的表現有掩不住的信心與驕傲！

『原味覺醒 用心烹調幸福滋味』

當陳惠雯從廚房裡忙完，黎醫生和女兒、岳母也剛好回來了。清爽的日式擺盤放在以田園為背景的庭院長桌上，更顯得秀色可餐。陳惠雯邀我們一起共進田園午餐，我吃著灑上柴魚片的蒸黃瓜、滑潤可口的皇宮菜、甜熟飽足的南瓜、香椿蛋捲，以及涼拌紅蘿蔔與牛蒡絲，簡單的烹調方式卻有著幸福滿溢的味道。

吃得到自然原味的佳餚比五星餐廳料理更好吃。

從先生娘變農婦，陳惠雯展現大地母親的韌性與執著。

「牛蒡削的時候，要斜切，才會同時吃到裡外部分，因為同一棵植物不同部位，也有陰陽冷熱不同的調性。」陳惠雯熱心傳授我一、兩招烹煮的祕訣。有人說，為母則強，眼前的陳惠雯，身兼 4 個孩子的媽媽還有農場女主人，除了照顧小孩、幫忙農事、處理會務，每逢假日，不但要幫會員上課，還要準備 80 份的菜餚；其中 40 人次供應給會員，40 人次則保留給初次來農場體驗的客人。讓人不禁感嘆這位先生娘真是太厲害了！

飯後，我們坐在院子裡聊天，我問道：「從事自然農法曾遭遇很大的挫折嗎？」「自然農法其實就是順應自然的節奏，過程中遭遇的困難當然是大大小小都有啦，但是每年我都會到日本參觀實施自然農法的農場，看到已經 30 多年歷史的美麗葡萄園，也曾直接在菜園生吃高麗菜，發現連菜心都是甜的！所以我很堅信這條路一定可以走下去。許多人在從事農業，總是追求心急速成，但是我想如果只著眼於一季的生產，一輩子會遭遇許多挫折，也不是意外。」

「我覺得想要什麼樣的生活，是要靠自己去創造的。」陳惠雯說，很多事是要看自己是否願意去做，她在農莊裡推行零廚餘運動，因為有食物被浪費，就表示掠奪了別人餐桌上的東西，所以她告訴來的客人，食物一人一份，若不想吃就與旁人交換，結果大家都可以做到；她常想現在政府、民間在推廣廚餘回收，為何不乾脆推動零廚餘？「還有許多人都說育種很困難，因為種子都被種子公司控制了，但是我已經做了 8 年，現在還打算成立自然農法種子交換中心，和台東、新竹、嘉義、宜蘭的會員交換彼此的種子，很有成就感！」

「從事自然農法，讓我更了解生命，也感謝自然的恩賜！」陳惠雯說，每個植物都是獨立的生命，剛開始播種時，她以為是她在種菜，後來發現 10 棵種子種下去不一定每棵都發芽，能做的就是幫它拔幾次草，澆幾次水，順其自然發展，就是最好的結果。就像結婚、生了小孩，以為是自己創造的，但是在孩子成長的過程中，才了解生命是被賦予的，是神把生命交到我們手裡照顧，其實並不屬於我們。

陳惠雯說，以前的個性急，脾氣暴躁，但是從事自然農法之後，雖然還是急，但是現在懂得放下。就拿對孩子來說，小哥的情況，擔心、著急都沒有用，必須給予耐心和愛心，就像對待一顆種子一樣，萌芽時，給予充分的關愛，一旦成長某種程度，就讓它在自然的環境裡發揮潛能、自行茁壯。現在有自閉症的小哥，可以跟人這麼自然親近的互動，就是最好的例子。

『關懷地球 傳達糧食問題』

一直在旁的黎醫師說，他是一名醫生，若不是接觸自然農法，也不會了解許多醫學之外的領域。「你知道嗎？20 世紀是戰爭的世紀，21 世紀則是飢餓的世紀；自然農法其實是一種農業革命，它可以解決未來人們可能會遇到的飢荒問題。」黎醫師說起話來慢條斯里，但抛出的「飢餓問題」卻讓我大吃一驚！

「多年前日本神慈秀明會曾派遣農耕隊支援非洲的尚比亞。當時，許多西方國家也曾派遣專家，協助當地農民播種、栽種、施肥，但是當西方的農耕隊回家後，這些作物就無法存活，因為所有的種子都是外來品種，種子已經習慣需要大量的肥料和水分，他們一走，缺水又少了肥份供給，這些作物也無法生存。然而神慈秀明會農耕隊是使用自家採種的方式，先播種、耕種，耐心等作物收成後，再留下最強健植株的種子，因為這些種子會將自己生存的經歷記錄在基因裡，讓下一代能夠適應當地的環境、氣候，抗病力強，且不需仰賴肥料和很多水，唯有這樣當地農民才有辦法真

（左圖）自然農法堅持自家採種育苗。（右圖）黎醫師說若是只當醫生，不會了解這麼多與自然、地球有關的事情。

正靠自己的力量耕作，解決糧食的問題。」原來，小小的種子，竟傳承了生命延續的基因，還真不可小覷呢！

「世界的糧食正在減少，以中國大陸來說，因為經濟發展，吃肉的人口急劇增加，2006 年大陸 1/3 的黃豆是由美國進口，未來比重會更高，對於同樣也是仰賴美國進口的台灣，若不再思考糧食自給自足的問題，可能會面臨糧食不足的問題。再從 WTO 問題來看，WTO 開放自由貿易之後，基本上對於大規模量產的農業大國，像美國是非常有利；若是真的全部開放之後，日本、台灣的農業恐怕都面臨毀滅；以日本群馬縣的特產蒟蒻來說，若是除去關稅保護，以前賣 800 元價格，以後只要 1 元就可以買到！」

黎醫師說，然而農業不只是關乎食物問題，還有生態平衡、景觀作用，所以能夠有利地球永續發展的有機農業，還是可以得到關稅的保護，未來聯合國會制定有機農業全球的統一規範，可能比現在日本規範的還要

什麼是幸福？孩子們歡樂的笑靨說明了一切。

寶弟與小狗。

嚴格。例如現在日本農藥殘留檢驗有 200 多種，米倉外若是掛著除蟲劑也不行，未來包括灌溉水管是 PVC 材質或是將有機蔬菜放在三合板上包裝也不行。所以政府若是不想放棄農業，只有走有機的路，應該現在就要趕快動作。

看著前方的田園，黎醫師說：「傳統日本有『裡山』的觀念，村民會定期到山裡面砍樹，讓樹長得更好。所以並不是砍樹或是用耕耘機，就不自然，因為人也是自然的一部份，只要觀念正確，對自然是正向的，就會有好的幫助；但是若是觀念不正確，就會將自然導向毀滅。所以人在自然扮演的角色非常重要，如果把自己排除在自然以外，對自然的變化不會有感覺，也容易做出錯誤的決定。」

聽完這番話，看著大屯山的美景，我覺得在黎醫師夫婦在身上，我了解了為什麼這裡會被稱為「幸福農莊」——她們的幸福完全不需倚賴別人，而是親手打造自己想要的生活。套句女主人陳惠雯的話，當「樂活」才開始被談論重視，他們早已經快快樂樂的活了好多年了！也希望這份樂活的精神，能夠傳遞給更多人！

幸福農莊

達人檔案

姓名 / 黎旭瀛、陳惠雯

年齡 / 30 多歲

經歷 / 新光醫院眼科醫師

農莊 DATA

名稱 / 大屯溪自然農法教育農莊

網站 / www.shumeifarm.tw　　部落格 / blog.sina.com.tw/lsychw/

Facebook / 淡水幸福農莊
https://zh-tw.facebook.com/228965540481866

Facebook / 臻食樂園（幸福農莊 紛絲專業）
https://www.facebook.com/1374424442791018

加入會員 / 蔬菜、稻米農援會員招募中，每月繳會費 1000 元，以維護土地、保護種子、健康身心為目標

地址 / 251 新北市淡水區番社前 11 號

電話 /（02）2801-5059

合樸農學市集
陽光下，與有機幸福相遇
台灣第一個有機小農市集

在全球化的大浪潮下，天涯若比鄰，想在台北的頂級超市買到俄國的魚子醬、日本青森的蘋果，還有佐賀的味增，一點都不難；甚至連有機商店裡，來自世界各地的有機產品種類與數量，也往往超過台灣本土的食材。但是你知道另一股最 IN 的風潮，卻是反其道而行，對食物里程（Food Miles）斤斤計較，也就是從產地到餐桌的距離愈短，表示所耗費的資源愈少，多吃在地時令的生鮮食物，才符合樂活的生活態度。

在這樣的理念之下，台灣第一個在地有機農產品市集，於今年 5 月開始在台中起跑。每個月的第二個星期六，來自全台各地的十多位有機農夫，帶著親手培育的無農藥蔬菜、水果、農產加工品等，在合樸農學市集中，與消費者幸福相遇。在這個綠色舞台上，一場創造美好生活的革命正悄悄地發生。究竟買菜與賣菜如何變成一樁跟幸福有關的事情，現在就走進合樸市集探探究竟吧！

凌晨三點，珍珍有機農場的陳世勳夫婦，在田裡面採收蕃茄、小黃瓜、白花椰菜，準備天一亮就上路，因為這一天是台中合樸農學市集開賣的日子，他們希望能夠讓來買菜的客人，吃到鮮採健康的蔬菜。

事實上在這一天，全省各地十多個有機農夫幾乎都在半夜裡窸窸窣窣、興奮忙碌的準備上台中來參與市集，有的是從嘉義，有的住在東勢山上，還有人來自於原住民部落。對他們來說，來合樸不只是作生意，也許扣掉油錢、時間成本，並沒有多賺多少錢；但是對他們來說，這是一個將自己用心照顧珍愛的事物，與大眾分享的時刻，意義並不尋常。

『推動永續農業』

合樸市集的發起人、前東籬農園的主人陳孟凱先生，利用合樸夥伴開會的空檔，接受我的採訪。陳孟凱說，合樸農學市集是他，以及溪底遙學習農園的馮小非、靜宜大學的陶番瀛老師、植物保護基金會祕書李美雲，以及社區工作者許婕穎所共同發起的。這幾位老朋友，都是長期關注社區連結和有機農業的工作者。以陳孟凱為例，4 年前他帶著推廣有機的心，創辦了東籬農園；一直以採用當令有機食材，支持在地小農為目標，推出健康有機的蔬食料理。不過隨著天氣、農事情況的變化，加上考慮到餐飲供應的穩定性問題，常常不得不捨棄台灣本土的食材，令他重新思索有沒有更好的方法來支持有機農業。

由於這幾年認識了許多從事有機的農友，在和老友經過 8 個月的思索、開會、討論之後，決定成立一個新的組織——合樸農學市集，以小而美的經營方式，提供真正符合節

一大早合樸農學市集就湧進了人潮，有機理念受到消費者支持。

合樸農學市集的靈魂人物陳孟凱先生。

氣的生機農產品，分享給更多的消費者。因為，如果可以讓更多人認識有機農業，就可以有更多農友採用有農法來照顧土地，整體的環境就能永續維護，生產與消費的距離也會更接近，甚至可以逐漸形成一種互助合作的生活模式。

陳孟凱說，他們相信一個萬物眾生和諧相處、生態永續的農業生產方式，是美好生活的起點與根基，所以一開始就從美好的生活需要些什麼去思考。這個組織活動的精神主要有三個：

● 合作＆簡樸

美好的生活需要人與人的溝通交流、互相支持；以志願儉樸的態度，才能保護住資源。

● 農學

在這個市集裡，創造了一個生活者向生產者學習，生產者向環境學習的機會；這個季節有哪些食物是合乎時令，吃了會更可口更健康；還有了解這些產品歷經了主人愛心的培育照顧，也會讓買的人在生活中更懂得珍惜；而在生產者生產的過程中，因為不依賴農藥而更用心的做好田間管理，以及在觀察自然變化中不斷學習。

● 市集

這個團體是生產者與生活者的組合，人與人的聚集交會，讓消費從銀貨兩訖的交易回歸到一種互相幫助的關係，更可以體會到「消費可以改變世界」的力量。

『有機小農展現活力』

從 5 月 5 號開始，合樸農學市集第一次開張，受到許多消費者的肯定。從第一次營業額只有 8 萬元，到第二次跳到 16 萬，可以看到其理念愈來愈受到消費者肯定。每逢星期六的合樸市集裡，一早就有許多攜老扶幼的民眾趕來支持，每一個攤位的蔬果都看起來非常新鮮，而且非常有特色。

漂亮的有機蕃茄和小黃瓜，令人食指大動。

三富有機農場的甜桃備受歡迎。

鮮採直送的曲冰部落的高山蔬果只有合樸才吃的到。

例如來自東勢山上，由退休的黎劉永春夫妻所經營的「富三農場」，帶來了甜桃。曲冰部落的有小米露、藤藍和提包。「溪底遙學習農園」的鳳梨阿嬤，頻頻請人試吃鳳梨。來自東部的銀川米，特別販售不同種類的分裝米，讓民眾可以回到小時候去米店秤斤買米的經驗。來自新竹湖口的「豆之味」工坊，以日本學藝的功夫，製作出香濃的有機豆漿和甜酒豆腐乳，現場並教大家 DIY 製作手工豆花。來自嘉義的「耕吉有機農園」帶來甜菜、香蕉，還醃製了私房的菜哺、鳳梨醬和高麗菜乾來分享。由台大教授林碧霞研究推動的「橘子工坊」，有最環保的清潔用品，讓大家了解，其實化學清潔劑的汙染，比農藥更可怕呢！

除了販售農產品，現場還有公益與服務性團體攤位專區，如關懷農業與農村的新竹北埔的青芽兒永續教育中心、推動人文閱讀的東海書苑、MOA 國際美育自然基金會，以及荒野保護協會，把握著直接和民眾溝通交流的機會。一旁甚至還有清韻合唱團演唱「秋蟬」等民歌助陣，儼

銀川米的梁美智小姐特別帶來分裝米，讓大家秤斤買。

以前農忙時才吃得到的割稻ㄚ飯，現身在合樸市集。

然就是一場假日蔬果音樂會。

溪底遙馮小非說，參加市集的農產品，雖然不一定都申請有機認證，但是產品一定是都通過無農藥殘留和硝酸鹽檢驗標準、非基因改造品種豆類、不含防腐劑、螢光劑、漂白劑和抗生素等。因為對有機小農來說，土地往往是分散的，但是每一塊土地的認證費用要花費上萬元，對於他們來說，會造成頗大的負擔，這一點必須請消費者體諒。

『拉近食物與人的距離』

陳孟凱說，除了市集之外，在第一階段合樸也推出了「好好務農」、「好好吃飯」「好好讀書」、「好好生活」等四個課程，透過學習務農、米食料理、讀書討論和了解化學清潔劑對生活的影響等，讓身心靈三方面都一起學習成長。並且合樸也開始舉辦產地拜訪活動，讓消費者直接拜訪農友，參觀農場，從認識農場主人的生活方式、價值觀以及對有機農業的理想中，感受全面的有機生活體驗。

陳孟凱說，原本從事資訊業的他，因為身體出了狀況而接觸到有機農業，成立東籬農園後，又接觸了更全面的生命觀。他深深體認到，現在人與食物的關係很冷漠，問題出在商業時代認為錢可以買到一切的價值觀，人因而變得不惜物；而接觸自然、農業與土地，是避免人物化的一個最好的方法。目前東籬農園交由法鼓山成立寶雲分苑，法鼓山仍將繼續支持合樸農學市集在原地點舉行。第二階段的課程已經開課，他的人生也正式進入了下一個階段的任務，未來將繼續推動合樸農學市集，以及專注於公益和教育工作。希望大家能夠多多支持合樸，一起來吃健康的蔬果，支持有機農業，共同為美好的生活努力。

吃有機食物，發展永續農業造福下一代。

合樸農學市集

市集 DATA

商品名稱 / 有機蔬菜、水果、手工豆腐……

網站 / 合樸農學市集
http://www.hopemarket.net/

購買方式 / 合樸農學市集

開市時間 / 每月第二個星期六 9：00~13：00

地址 / 法鼓山寶雲別苑，台中市西屯區西平南巷 6-6 號（福林路底，原東籬農園）

電話 / 0988-374-024 陳孟凱